Bauleitung im Ausland

Konrad Micksch

Bauleitung im Ausland

Praxishilfen für den Auslandseinsatz

Konrad Micksch
Berlin, Deutschland

ISBN 978-3-658-13902-5   ISBN 978-3-658-13903-2 (eBook)
DOI 10.1007/978-3-658-13903-2

Die Deutsche Nationalbibliothek verzeichnet diese Publikation in der Deutschen Nationalbibliografie; detaillierte bibliografische Daten sind im Internet über http://dnb.d-nb.de abrufbar.

Springer Vieweg
© Springer Fachmedien Wiesbaden 2016

Lektorat: Karina Danulat

Gedruckt auf säurefreiem und chlorfrei gebleichtem Papier

Springer Vieweg ist Teil von Springer Nature
Die eingetragene Gesellschaft ist Springer Fachmedien Wiesbaden GmbH

Vorwort

Wer

- mit der Bauleitung von Bauvorhaben im Ausland beauftragt wird,
- als Projektleiter Verantwortung für Leistungen im Ausland übernimmt,
- für das Unternehmen als Spezialist im Ausland eingesetzt wird,
- bei der technischen, organisatorischen und Wirtschaftlichen Vorbereitung von Auslandsvorhaben beteiligt wird,
- den Einsatz der Bauleiter zu organisieren und zu verantworten hat
  steht oft plötzlich vor einer völlig ungewohnten Situation, die zu bewältigen
  ist, erhält in diesem Buch viele Hinweise für eine erfolgreiche Vorbereitung.

Wer

- sich bereits im Auslandseinsatz befindet,
- dort täglich mit immer neuen Situationen konfrontiert wird,
- in Stress- und Konfliktfällen vor Ort die Übersicht behalten möchte,
- Störungen des Bauablaufes besser beherrschen will,
- bekommt in diesem Buch Anleitung und Hilfe.

Diese erfolgt

- kurzgefasst, übersichtlich strukturiert
- mit Checklisten zur Kontrolle
- mit erprobten Mustern für reibungslose Abläufe auf der Baustelle
- mit Anlagen als Hilfsmittel

Erfahrungen mit der Bauleitung in Deutschland und die Kenntnis deutscher Gesetze und Regeln werden dabei vorausgesetzt. Die Inhalte dieses Werkes stellen keine Rechts-beratung dar, da in den verschiedenen Ländern sehr unterschiedliche politisch, kulturell und auch religiös definierte Verhältnisse zu berücksichtigen sind.

Der Autor, Bau- und Projektleiter im In- und Ausland, stellt seine im Ausland gemach-
ten Erfahrungen und Empfehlungen zur Verfügung und freut sich über inhaltliche
Anregungen und kritische Hinweise von Lesern.

Berlin, den 16.06.2016   Konrad Micksch

Inhaltsverzeichnis

1.1 Aufgabenstellung

1.1.1 Beauftragendes Unternehmen

Im Ausland können es landesspezifische staatliche oder öffentlich-rechtliche Organe, in- und ausländische Kapitalgesellschaften, Personengesellschaften oder Einzelunternehmer sein, die die entscheidenden Partner der entsendeten Beauftragten des deutschen Bauunternehmens vor Ort sind.

Die wesentlichen Baustellen verschiedener Größe im Ausland sind:

- **Punktbaustellen**: Hochhäuser, Sport- und Gesellschaftsbauten, Industrieanlagen zur Verarbeitung mineralischer oder landwirtschaftlicher Produkte, Kraft- und Umspannwerke.
- **Flächenbaustellen**: Siedlungen, Tagebaue, Solaranlagen, Lagerflächen, Wasserkraftwerke, Windkraftanlagen
- **Linienbaustellen**: Straßen, Bahnanlagen, Fernleitungen für Gas, Energie, Flüssigkeiten über- und unterirdisch. Diese Art wird oft als Wanderbaustelle realisiert. Das Besondere sind mehrere Baustelleneinrichtungen entlang der Baustelle einschließlich mehrerer Betonwerke
- **Sonderbaustellen**: Türme, militärische Einrichtungen zur Verteidigung, geheime Anlagen und Bauten

Dabei können die entsendeten Beauftragten, im Buch nur Bauleiter genannt, mit verschiedenen bevollmächtigten Beauftragten des Bauherrn konfrontiert werden. Die Bauherren bedienen sich in- und ausländischen Fachleuten.

© Springer Fachmedien Wiesbaden 2016
K. Micksch, *Bauleitung im Ausland*, DOI 10.1007/978-3-658-13903-2_1

Dazu gehören vor allem:

- Architekt: Er organisiert als Büro oder Einzelunternehmer als Entwurfsverfasser voll haftbar für seine Planungs-Leistung im Rahmen eines Werkvertrages die gestalterischen Vorleistungen und kontrolliert im Auftrag des Bauherrn die ordnungsgemäße Umsetzung des Projektes einschließlich der Innenausstattung.
- Projektleiter des Bauherrn: Als Bevollmächtigter des Bauherrn nimmt er vor Ort am Baugeschehen, an Bauberatungen, Kontrollen oder Sonderrapporten teil. Seine Forderungen sind erst nach Vorlage und Rückbestätigung der Vollmacht durch den Bauherrn entgegenzunehmen, um unnötige Aufwendungen abzuwenden. Günstig ist die Vereinbarung der Rechte und Pflichten der Beauftragten mit Namen, Qualifikation und Adresse im Vertrag, ggf. als Anlage.
- Baubetreuer des Bauherrn: Sie führen ohne besondere Vollmacht ständig Kontrollen durch und fertigen laufend Protokolle an, zu den der Bauleiter dann Stellung nehmen muss. Häufig werden Fachleute des Unternehmens eingesetzt, das den Zuschlag als letzter nicht erhielt. Diese Vertreter sind äußerst motiviert, Mängel festzustellen und unnötige Maßnahmen anzumahnen. Wichtig ist, das Team über deren Rolle zu informieren und bei Fragen auf den Leiter des Teams zu verweisen, um nicht unnötige Konflikte wegen sich nicht deckender Angaben zu erzeugen. Stets sollte bei unfairer Dialektik Ruhe bewahrt und auf die durch ihn voraussichtlich entstehenden Mehrkosten für den Bauherrn verwiesen werden.
- Nutzer, Betreiber: Sind die Bauherren staatliche Organe oder in- oder ausländische Investitionsgesellschaften, dann ist es üblich, Betreiber einzusetzen oder die Investition später an Nutzer zu vermieten oder preisgünstig zu verkaufen. Besonders gut zu dokumentieren ist die Einweisung der namentlich benannten Arbeitskräfte zur Bedienung, Wartung und Instandhaltung der Anlagen sowie die nachvollziehbare Übergabe der dazu vorgesehenen Dokumentation.
- Oberbauleiter: Je nach Aufbaustruktur des Projektes kann dem Bauleiter des entsendenden Unternehmens auch ein Bauunternehmen des Bauherrn gegenüberstehen, das die Gesamtorganisation übernimmt. In dem Fall ist es besonders wichtig, die Nahtstellen zu den anderen Leistungen genau zu definieren.
- Es kann aber auch der Einsatz als Coach für den Oberbauleiter des Bauherrn möglich sein.

Die Bauleiter sollten besonders am Anfang die Erfüllung der im Vertrag vereinbarten Bauherrenpflichten einfordern, da am Ende die Erfüllungspflicht des Bauleiters im Vordergrund steht. Dazu gehören zum Beispiel oft:

- die Sicherung der Arbeitserlaubnisse,
- vorbereitende Einfuhr-Zollformalitäten
- Beräumung der Baufläche mit Sauberkeitsnachweis

- Bereitstellung der Fläche für die Baustelleneinrichtung
- Sicherheitsmaßnahmen
- Unterbringung der Startbesatzung
- Bereitstellung von Hilfsmitteln und -kräften.:
- Zusammenarbeit mit den örtlichen Behörden

Hier sollte darauf geachtet werden, eine kooperative Zusammenarbeit, verbunden mit einer geeigneten Beweissicherung, zu organisieren, um unnötige Störungen abzuwenden. Schließlich hat der Bauherr ein starkes Interesse an einer hohen Qualität der Objekte in jeder Hinsicht.

1.1.2 Ausführendes Unternehmen

Wird ein Mitarbeiter des delegierenden Unternehmens mit einer Aufgabe betraut, kann die Kenntnis der Leistungen des Unternehmens als bekannt vorausgesetzt werden. Werden jedoch fremde Unternehmen mit der Ausführung beauftragt, hat der Bauleiter zuerst die geltende Organisationsform der Baustelle zu prüfen.

Die ausführenden Unternehmen wirken im Ausland vor allem in den Formen :

- Generalübernehmer für die schlüsselfertige Planung und Durchführung komplexer Vorhaben, üblich mit einem Projektleiter
- Generalunternehmer für die meist schlüsselfertige Ausführung auf der Grundlage vorliegender Baudokumentation, üblich mit einem Oberbauleiter
- Hauptauftragnehmer für mehrer Gewerke mit einem Oberbauleiter oder Fachbauleitern je nach Umfang und Kompliziertheit der Aufgabenstellung
- Nachauftragnehmer oder „Subunternehmer" mit den Fachbauleitern und Polieren des jeweiligen Gewerkes.

Für das Auftreten dominierender Multinationaler Unternehmen (MNE) wurden von der OECD Leitsätze für die Zusammenarbeit mit anderen Firmen herausgegeben.

Aus Sicht des Bauleiters ergeben sich bei der Anbahnung und Realisierung von Verträgen mit ausländischen und inländischen ausführenden Partnern folgende Kriterien, die zu beachten sind:

- Größe und Unternehmensform des Anbieters und der Kooperationspartner, ihre Verflechtung mit anderen ggf. konkurrierenden Unternehmen wegen der Gefahr von Preisabsprachen und Störungen des Bauablaufes
- Siehe hierzu Anlage 16 „Internationale Unternehmens-Bezeichnungen"
- Vermögen, Leistungsfähigkeit, Bonität, nach Auskünften vertrauter Dritter z. B. AHK
- Art, Umfang, Struktur und Alter des Bestandes an Ausrüstungen, Fahrzeugen, Messmitteln und Baustelleneinrichtungen für die zu realisierenden Leistungen

- Referenzen für vergleichbare Projektaufgaben, Auskünfte deren Bauherren, zu Form und Zeit der Abwicklung
- Struktur, Anzahl, Alter, Qualifikation und Motivation der beteiligten Führungs- und Arbeitskräfte, Disziplin und Ordnung
- Termintreue bei den bisherigen Verhandlungen und Vereinbarungen
- Niveau der übergebenen ersten Unterlagen und Angebote
- Informationen der Mitarbeiter, Nachbarn und Behörden zu dem Arbeitsklima im Unternehmen

1.1.3 Aufgaben des Bauleiters

1.1.3.1 Allgemeine Arbeitsaufgabe

Für Bauleiter im Ausland gilt folgende allgemeine Arbeitsaufgabe:

- Die notwendige Qualifikation resultiert aus der jeweiligen Rolle. Nicht immer ist ein Ingenieur dafür erforderlich. Besonders bei dem Fachbauleiter eines Gewerkes mit geringem Leistungsumfang ist ein Facharbeiter mit einschlägigen Vor-Ort-Erfahrungen und einem qualifizierten Umgang mit den zugeordneten ausländischen Arbeitskräften sehr gut geeignet.
- Seine Entlohnung ist unternehmens- und tarifabhängig. Eine auf die Bedingungen im Land und die Baustelle bezogene Kostenerstattung, Erfolgs- und Verlustbeteiligung erhöht die Motivation.
- Es ist für Bauleiter wichtig, einen genau definierten und kompetenten Vorgesetzten zu haben, einen direkten Kontakt zu den Stabstellen wie Buchhaltung, Personalbüro, Betriebsrat u. a. zu halten, um im Bedarfsfall schnelle Entscheidungen zu erhalten.
- Zusätzliche Kontrolle und Anleitung sind zu definieren, damit der Bauleiter nicht unnötig belastet, sich widersprechende Forderungen erhält oder verunsichert wird.
- Unterstellte Mitarbeiter werden üblicherweise im Personaleinsatzplan benannt, soweit nicht ein festes Team langfristig eingesetzt wird. Auf die Baustelle kommen mehrere Vertreter des Unternehmens. Deshalb ist es wichtig, die Weisungsbefugnis des Bauleiters exakt zu definieren und gegenüber Dritten abzugrenzen, um nicht an Autorität zu verlieren.
- Die Basisunterlagen können in Inhalt, Aktualität und Umfang je nach Vorhaben sehr unterschiedlich sein. Die Kenntnis der Ausführungsunterlagen, der Verträge und der wichtigen gesetzlichen Bestimmungen des Landes sind eine Voraussetzung für ihn. Er hat sich darüber vorher ausreichend zu informieren
- Für jeden Bauleiter ist es wichtig, zu wissen, welche Arbeits- und Betriebsmittel ihm zur Verfügung stehen werden, bevor er die Aufgabe erhält, um sich damit vertraut zu machen und ggf. weitere fordern zu können.
- Die ausgewählten Einzelaufgaben resultieren aus der jeweiligen Rolle des Bauleiters, dem Umfang und der Komplexität des Bauvorhabens.

Die Arbeitsaufgabe der jeweiligen Rolle des Bauleiters ist genau zu definieren. Vor allem gilt es bei der Einbeziehung von Aufgaben der Bauüberwachung oder des Projektmanagements die Grenzen eindeutig abzugrenzen. Grundsätzlich sind die Bauleiter das Rückgrat der Bauindustrie, wie die Unteroffiziere nach Bismarck das Rückgrat der Armee sind.

Typisch sind folgende Rollen:

1.1.3.2 Der Bauleiter als Beauftragter des Bauherrn

Im Ausland kann ein Bauleiter sehr viele unterschiedliche Funktionen übernehmen. Die umfassendste Rolle übernimmt er aber als direkter Beauftragter eines ausländischen Bauherrn in der Funktion eines Projektleiters, Oberbauleiters, Projektsteuerers oder als Coach für dessen Beauftragten.

Viele Bauherren im Ausland sind von der Mentalität, Disziplin, Sorgfalt, Qualifizierung, Ordnung und Kreativität deutscher Ingenieure überzeugt. Der Bauleiter ist dann der Vertraute des Bauherrn, der Motor seines Bauvorhabens und sein Sprachrohr gegenüber den am Vorhaben beteiligten Behörden, Unternehmen und Institutionen. Als Bauleiter übernimmt er die sonst nicht an andere Firmen delegierbaren Aufgaben in Vollmacht des Bauherrn, entlastet ihn von Einzelverantwortlichkeiten und deren Risiken. Dazu gehören besonders:

- Mit den im Ausland bestehenden Behörden erreicht er die notwendigen Genehmigungen und organisiert er die Lösung von erteilten Auflagen gegenüber den beteiligten Firmen.
- Er überwacht die Bauausführung und die Mängelbeseitigung nach den genehmigten Bauunterlagen.
- Bei Abnahmen, bei Verhandlungen mit Versorgungs-Unternehmen, bei der Verkehrssicherung und bei der Sicherung des Arbeits-und Gesundheitsschutzes übernimmt er die Aufgaben des Bauherrn.
- Er kontrolliert den Ablauf, die Qualität, die Vertragstermine und die Zahlungen.
- Er berichtet dem Bauherrn regelmäßig und bereitet Entscheidungen des Bauherrn vor.

1.1.3.3 Der Bauleiter als Projektleiter

Wird einem Bauleiter diese Aufgabe übertragen, so hat er das Auslandsvorhaben bau- und ausrüstungsseitig als Projektleiter von der Vorbereitung bis zur Fertigstellung des Bauvorhabens zu organisieren.

Schwerpunkte sind:

- Er gewährleistet, dass die Baumaßnahme nach den im Land geltenden Vorschriften durchgeführt wird.
- Er leitet Aufgaben für die Mitwirkenden ab, organisiert und koordiniert die Zusammenarbeit der beteiligten Unternehmen und überwacht die Einhaltung der terminlichen, wirtschaftlichen und technisch-qualitativen Aufgabenstellung.
- Er berichtet regelmäßig und unterbreitet dem Auftraggeber wirtschaftlich und technisch nachvollziehbare Entscheidungsvorschläge.

- Bei der Realisierung von Vorhaben im Ausland ergeben sich häufig Situationen, bei den es gilt, vorwiegend emotional bedingte Konflikte mit Behörden, Nachbarn, Politikern, Kooperationspartnern, Gesellschaftern oder anderen Beteiligten abzuwenden. Für diesen Fall hat sich das Hinzuziehen eines im jeweiligen Land erfahrenen Coaches als sehr effektiv erwiesen, weil es auf diese Weise oft leicht gelingt, die Situation zu entschärfen, indem die Problemstellung aus Sicht eines unabhängigen und nicht direkt beteiligten Fachmanns entschärft werden kann.

1.1.3.4 Der Bauleiter als Oberbauleiter

Realisieren Unternehmen mit vielen unterschiedlichen Gewerken Auslandsvorhaben, dann setzten sie oft einen Oberbauleiter ein, der je nach Komplexität des Bauvorhabens über die notwendige Qualifikation und Erfahrung verfügt. Bei der gleichzeitigen Realisierung mehreren Vorhaben in einem Land wird ein bevollmächtigter Baustableiter eingesetzt. Besonders im Schlüsselfertigbau von technisch-technologisch komplizierten Objekten werden an ihn hohe Anforderungen gestellt. Im Ausland hat er darüber hinaus mit verschiedenen Firmen aus mehreren Ländern zu tun. Da sind Gespräche und abgeleitete Entscheidungen besonders gut vorzubereiten. Ihm sind dann in- und ausländische Fachbauleiter der verschiedenen Gewerke zugeordnet. Außerdem kann er es mit wenig gebildeten Hilfskräften zu tun haben, die in Gruppen auftreten, Konflikte schüren weil sie schlecht versorgt sind.

Schwerpunkte seiner Tätigkeit sind:

- Er hat die Vollständigkeit der Genehmigungs- und Planungsunterlagen, der Verträge und der damit die Grundlagen seiner Pflichten zu prüfen.
- Er wertet die technische Dokumentation, den Ablaufplan und die im Ausland zu beachtenden besonderen Umstände hinsichtlich der Anforderungen und der Vor-Ort-Bedingungen aus..
- Er bereitet die Anlaufberatung mit allen beteiligten Unternehmen vor und koordiniert den geplanten Ablauf, die Logistik und die Baustelleneinrichtung.
- Er organisiert ein straffes Rapportsystem mit den beteiligten Firmen und nutzt alle Möglichkeiten einer ausreichenden Beweissicherung.
- Er hat den Arbeits- und Gesundheitsschutz auf der Baustelle und den sicheren, organisatorischen, bau- und ausrüstungstechnischen Betrieb der Baustelle zu sichern.
- Er hat bei Störungen des Bauablaufes rechtzeitig erforderliche Schritte und Anzeigen zu veranlassen, notwendige Beweise zu sichern, geeignete Entscheidungen vorzubereiten bzw. selbst sofort zu treffen, wenn Gefahr im Verzug ist.
- Er hat sich stets über die aktuell gültigen rechtlichen Bestimmungen des Baurechts des jeweiligen Landes zu informieren und sich bei Bedarf mit einem sachkundigen und vertrauenswürdigen Rechtsanwalt abzustimmen.

1.1.3.5 Der Bauleiter als Fachbauleiter

Als Bauleiter eines Unternehmens, das eine abgegrenzte handwerkliche Leistung bzw. ein Gewerk zu vertreten hat, nutzt einen Fachbauleiter. Er vertritt das Unternehmen auf der Baustelle.

Schwerpunkte seiner Tätigkeit sind:

- Er hat das ihm zugeordnete Team anzuleiten, zu motivieren und dafür zu sorgen, dass es ausreichend versorgt und untergebracht wird.
- Er hat die vertraglich vereinbarten Arbeiten hinsichtlich Qualität, Termintreue, Disziplin und Ordnung zu kontrollieren und Mängel abzuwenden.
- Er hat bei Störungen des Bauablaufes sein Unternehmen rechtzeitig zu informieren, den Sachverhalt präzise zu definieren und Lösungen vorzuschlagen sowie die dann notwendigen Maßnahmen zu koordinieren.
- Er hat er die Beweissicherung zu gewährleisten und das Bautagebuch zu führen..
- Er hat aus der technischen Dokumentation und dem Leistungsverzeichnis den Bedarf an Baustoffen, Leistungen, Ausrüstungskapazitäten, Arbeitsmitteln, Leistungszeiten, Arbeitskräften und Terminstellungen für die termingerechte Bereitstellung abzuleiten.
- Er hat zur Abwendung von Störungen Baustelleneinrichtung, Material, Arbeitsmittel und Fachkräfte rechtzeitig anzufordern und den Einsatz vor Ort vorzubereiten.
- Er hat dazu den Eingang der Planungsdokumente, des Materials und der Arbeitskräfte zu kontrollieren, zu dokumentieren und zu überwachen.
- Er hat an den Bauberatungen und Rapporten teilzunehmen und das Unternehmen je nach Vollmacht zu vertreten.

1.1.3.6 Der Bauleiter als Bau-Controller

In seltenen Fällen können Bauleiter als Bau-Controller eingesetzt werden, wenn sie auch über betriebswirtschaftliche Kenntnisse verfügen. Seine Aufgaben sind dann:

- Er hat vorausschauend die laufenden Vorgänge auf der Baustelle zu beobachten und daraus abgeleitete Entscheidungsvorschläge für den Auftraggeber zu unterbreiten.
- Er hat die Terminerfüllung, Kostenentwicklung, Tendenzen der Preisentwicklung, der politischen, wirtschaftlichen und technischen Entwicklung im jeweiligen Gebiet zu kontrollieren und zu analysieren. Dabei hat er laufende Soll-Ist-Vergleiche von Terminen und Kosten, Meilenstein-Trend-Analysen, Gebrauchswert-Kosten-Analysen zu nutzen.
- Er hat begründete Schritte zur Verringerung von zu erwartenden Risiken vorzuschlagen.

1.1.3.7 Der Bauleiter als Technischer Projektleiter

Bei technologisch anspruchsvollen Projekten wie Walzwerken, Kraft- und Umspannwerken, Produktionsanlagen mit komplizierten Verfahren und Ausrüstungen kann ein technisch erfahrener Bauleiter auch als technischer Projektleiter eingesetzt werden:

- Er hat die Passfähigkeit und Eignung technischer Ausrüstungen, eingesetzter Werkstoffe, Materialflüsse und logistischer Lösungen zu prüfen
- Er hat sein technisches Wissen über Verfahren, Werkstoffe, Vorschriften und über die modernsten bzw. auch in der Zukunft voraussichtlich optimalen Lösungen stets aktuell zu halten und im Interesse des Auftraggebers zu nutzen.

- Er hat die spezifischen Bedingungen für das Auslandsprojekt zu analysieren und möglichst schon vor dem Start die Machbarkeit für Technologie, Materialversorgung, Umwelt unter den ausländischen Standortbedingungen auszuwerten.

1.1.3.8 Der Bauleiter als Coach

Als Coach kann er für jede Rolle eines eingesetzten Bauleiters beauftragt werden. Das setzt aber viel Erfahrungen im Ausland und den landesspezifischen Bedingungen voraus. Seine Hauptaufgaben sind dann:

- Erkennen der eigenen sozialen und führungsbezogenen Fähigkeiten und Stärken des begleitenden Bauleiters im Gespräch „auf Augenhöhe"
- Förderung der Selbstmotivation des Bauleiters, besonders in Krisensituationen
- Hilfe bei dem rechtzeitigen Erkennen von Ursache, Wirkung und von Lösungen bei Konflikten
- Unterstützung bei der Strukturierung und Qualifizierung der Bauleitertätigkeit
- Verbesserung der Kommunikationsfähigkeit und des Selbstbewusstsein
- Erkennen von Anzeichen sich anbahnender Störungen des Ablaufes und persönlicher Schwächen des Bauleiters in Krisensituationen
- Wahrung der Diskretion, kein Auftreten gegenüber Dritten, offene Zusammenarbeit Siehe hierzu Anlage 1 „Eignung"

1.2   Persönliche Vorbereitung

1.2.1   Die Entsendung

Die Entsendung eines Bauleiters entspricht einem typischen Projekteinsatz, der je nach Vorhaben kurz (3–12 Monate, short term assignment) auch „Abordnung" genannt oder langfristig (1–5 Jahre, long term assignment) auch „Delegation" genannt, erfolgen kann. Dabei entspricht der Aufenthalt in der Regel keiner Dienstreise (bis zu 3 Monaten), keinem Pendeln (Commuter) und auch keiner lokalen Einstellung durch ein ausländisches Unternehmen (host company), oder einer Versetzung, weil für diese Formen der Entsendung andere Regeln gelten. Das Büro des Bauleiters wird bei längerem Aufenthalt als Betriebsstätte des Unternehmens im Ausland betrachtet. Die gesetzliche Basis bildet das Entsendegesetz. Dazu besteht eine Länderinformation bei der Bundesagentur für Arbeit: Siehe hierzu: www.arbeitsagentur.de

Der Bauleiter ist stets der Repräsentant des ausführenden Unternehmens und damit auch dessen Herkunftsstaates. Mit seinem Auftreten und seiner Leistungsfähigkeit wirkt er entscheidend mit, ein attraktives und positives Bild des Herkunftslandes und dessen technischen, ökonomischen und gesellschaftlichen Leistungsvermögens zu vermitteln.

Für den Bauleiter sind deshalb vom entsendenden Unternehmen alle für die Erfüllung dieser Aufgabe notwendigen Voraussetzungen zu schaffen:

- Adressen und Ansprechpartner – Geschäftsführer, Planer, bevollmächtigte Projekt- oder Bauleiter der Unternehmen des Auftraggebers und der Kooperationskette,

- vertragliche Bindungen, technisches und wirtschaftliches Leistungsvermögen, bekannte Besonderheiten der Führungskräfte
- Angaben über Konkurrenzunternehmen, deren Strategie und Taktik, mögliche Verflechtungen mit am Bauvorhaben beteiligten Unternehmen des Landes
- Übersicht der ggf. zu nutzenden Unternehmen des Landes für Handwerks-, Transport- und Hilfsleistungen

Als Bauleiter wirkt er als leitender Angestellter mit besonderen Pflichten:

- Entscheidungsbefugnis gegenüber den Arbeitnehmern, für Handlungen und die vertraglich vereinbarten Leistungsinhalte
- Wahrnehmung der Vertretung des auftraggebenden Unternehmens auf der Baustelle
- Gewährleistung der Treuepflicht gegenüber dem Unternehmen, keine Geltung des Betriebsverfassungsgesetzes
- Die ihm unterstellten Arbeitnehmer sind dadurch charakterisiert, dass sie
  - die arbeitsvertraglich festgelegte persönliche Leistung zu erbringen haben, ohne ein unternehmerisches Risiko übernehmen zu müssen
  - ein einklagbares Recht auf Auszahlung des vereinbarten Lohnes haben
  - in der Regel ihren Arbeitsstandort öfters aufgabenbezogen wechseln müssen, so auch kurzzeitig im Ausland tätig sein können
  - das Beteiligungsrecht des Betriebsrates nutzen können, wenn die Entsendung länger als einen Monat andauert oder eine erhebliche Änderung der Arbeitsumstände vorliegt

Im Gegensatz zu einer Dienstreise, die bis zu 3 Monaten dauern kann, ohne den Status einer Entsendung zu erreichen, sind für den Bauleiter vor Ort im Ausland zusätzliche Bedingungen zu berücksichtigen. Sozialrechtlich entspricht das nach dem geltenden deutschen Sozialrecht (§ 4 SGB IV), einer „Ausstrahlung" wenn der jeweils definierte maximale Entsendungszeitraum innerhalb der EU von 24 Monaten nicht überschritten wird und das deutsche Sozialrecht erhalten bleibt. Erfolgt die Entsendung unbefristet, gilt die sozialrechtliche Anerkennung des Auslandsaufenthaltes. Dann werden je nach Bedarf private Vorsorgeversicherungen dringend empfohlen.

Innerhalb der Europäischen Union benötigt ein entsendeter Arbeitnehmer weder Visum noch einen Aufenthaltstitel. Hat er sich mindestens 3 Jahre in einem EU-Mitgliedsstaat aufgehalten und hat er in den letzten 12 Monaten eine Tätigkeit ausgeübt, hat er das Daueraufenthaltsrecht. Er hat dort aber auf spezifische Meldepflichten zu achten.

Siehe hierzu Anlage 2 Check „Einsatzvorbereitung"

1.2.1.1 Zusatzvertrag

Die Grundlage für den zu ergänzenden Arbeitsvertrag sind in der Regel die Entsendungsrichtlinien und die Betriebsvereinbarungen. Da die im inländischen Arbeitsverhältnis geltenden Bestimmungen nicht umfassend aufrecht erhalten werden können, ist ein befristeter Zusatzvertrag (auch Entsendevereinbarung) für den Zeitraum der Vorbereitung, Durchführung und Endabwicklung des Einsatzes im Ausland notwendig. Zu beachten ist, dass bei einem längerfristig geplanten Auslands-Einsatz die Familie zeitweilig mit umziehen kann, wenn es die Landes- und Baustellenbedingungen dies erlauben oder notwendig machen. Grundsätzlich gilt die Schutz- und Fürsorgepflicht des Arbeitgebers.

Dabei sollten folgende Punkte vereinbart und beachtet werden:

- Arbeitsvertrag bleibt grundsätzlich erhalten, wird jedoch durch die Zusatzvereinbarung zeitweilig in den definierten Punkten den veränderten Bedingungen angepasst
- Vertragslaufzeit, Vorbereitung, Ausreise, Beginn und geplantes Ende des Auslandseinsatzes, mögliche Änderungen, Rückreiseabwicklung sind klar zu definieren
- Die Mitnahme der Familie, Übernahme der Umzugs-, Rückumzugs-, Miet-, Reise- und Unterhaltskosten der Familie, Schulkosten der Kinder, Job der Ehefrau im Ausland sind bei einem längeren Einsatz eines Bauleiters zu prüfen und schriftlich zu vereinbaren. Für den Zeitraum sollten die Wohnung zwischenvermietet, das Auto abgemeldet oder verkauft, die Möbel eingelagert, Verträge gekündigt oder ruhend gestellt werden.
- Bei Aufgabe des Wohnsitzes der Familie in Deutschland ergeben sich Folgen für die Besteuerung, d. h. die Einkommensteuer für den Arbeitslohn wird nicht in Deutschland entrichtet, nur Einkünfte aus Kapital, Vermietung und Verpachtung einer Wohnung in Deutschland.
- Bleibt die Familie in Deutschland, wird mit Beginn des 4. Monats der Auslandstätigkeit die steuerliche „doppelte Haushaltsführung" wirksam.
- Einzelheiten ergeben sich aus dem ggf. vorliegenden Doppelbesteuerungsabkommen, nach dem der Staat der Auslandstätigkeit Steuern erhebt, wenn der Arbeitslohn von einer Betriebsstätte des Arbeitgebers im Staat der Tätigkeit erfolgt. Ist der Auslandsaufenthalt nicht länger als 183 Tage und bleibt der Wohnsitz in Deutschland, bleibt die deutsche Besteuerung erhalten. Dabei kann der Arbeitnehmer auch Auslagen für Fahrten, Verpflegungsmehraufwendungen, Übernachtungs- und Umzugskosten steuerfrei vom Arbeitgeber ersetzt bekommen. Es gilt dann u. a. das Bundesumzugsgesetz und die Auslandsumzugsverordnung.
- Nach den jeweiligen Landesgesetzen und anderen zwischenstaatlichen Abkommen über Vorrechte und Befreiungen können andere Regelungen gelten. Entrichtet der Arbeitnehmer im Ausland Steuern, kann er diese in der Regel auf die deutsche Einkommensteuer anrechnen. Dazu ist bei dem zuständigen Finanzamt durch den Arbeitgeber oder den Arbeitnehmer ein Antrag auf Verzicht der Besteuerung zu stellen.
- Weitere Einzelheiten sind dem Auslandstätigkeitserlass des BMF zu entnehmen, wenn der Arbeitnehmer mindestens 3 Monate ununterbrochen im Auftrag eines inländischen Arbeitgebers im Ausland tätig war. Siehe hierzu: www.bundesfinanzministerium.de
- Ärztliche Tropen- und Allgemein- Tauglichkeitsuntersuchung zu Beginn, Zwischenzeit und Einsatzende und Impfungen sind zwingend notwendig. Einzelheiten dazu sind beim Robert-Koch-Institut zu erfragen: (www.rki.de) Ein Anspruch bei ggf. danach festgestellter Berufserkrankung ist zu definieren.

- Ein „Look and See-Trip" vor endgültiger Ausreise ist zur Vorbereitung des Einsatzes und zum Kennenlernen der Aufenthaltsbedingungen besonders für die Familie ratsam.
- Der Fortbestand der Mitgliedschaft in der deutschen Kranken-, Pflege-, Unfall-, Arbeitslosen- und der allgemeinen Rentenversicherung sowie der betrieblichen Altersversorgung, soweit andere geltende Regeln keine anderen Festlegungen erfordern, ist zu vereinbaren. Einzelheiten sind bei der Unfallversicherung international (DGUV) zu erfragen: Siehe hierzu: www.dguv.de
- Besteht zu dem Gastland kein Sozialversicherungsabkommen, kann der Arbeitnehmer mit dem Arbeitgeber eine Ausnahmevereinbarung beantragen. Auch zur Freistellung von einer ausländischen Kranken- und Rentenversicherung ist eine Bescheinigung bei der deutschen Verbindungsstelle Krankenversicherung Ausland (DVKA) zu beantragen. Die Möglichkeiten sind landesspezifisch zu prüfen. Einzelheiten zu einem Entsendeausweis (EU-Formular A1 bzw. 101) sind bei der DVKA erhältlich. Siehe hierzu: www.dvak.de/oeffentlicheSeiten/ArbeitenAusland.htm
- Hat die Zahlung an die Sozialversicherung im Ausland zu erfolgen, kann eine fehlende Zahlung die Wiederausreise verhindern. Bei Schwierigkeiten ist mindestens eine Ruhendstellung der Versicherungen zu erreichen. Damit wird erreicht, dass bei Rückkehr keine erneute Gesundheitsprüfung und keine altersbedingte tarifliche Neueinstufung erfolgen.
- Die Befristung des Einsatzes, die Rückkehrabsicht und der Verzicht auf zusätzlichen Auslandsaufenthalt sind zur Klärung des Status klar zu definieren.
- Wird das Gehalt des Bauleiters in Deutschland gezahlt, kann die Vereinbarung eines „Schattengehaltes" als Basis für die Berechnung der Einkommenssteuer oder die betriebliche Altersrente geeignet sein. Fragen dazu sind an die Deutsche Rentenversicherung zu richten: Siehe hierzu: www.deutsche-rentenversicherung.de
- Für den Fall, dass die Besteuerung des Einkommens im Ausland erfolgen soll, ist eine Freistellungsbescheinigung durch das Finanzamt erforderlich. Einzelheiten sind bei der Bundeszentrale Steuern/Doppelbesteuerungsabkommen zu erfragen (BZST): Siehe hierzu: www.bzst.de
- Wenn der Bauleiter in den letzten 10 Jahren mindestens 2 Jahre berufstätig war, kann er bei dem zuständigen Amt für Arbeit ein Versicherungspflichtverhältnis für die deutsche Arbeitslosenversicherung beantragen.
- Arbeitszeit, Überstunden, Nacht- und Sonntagsarbeit, Urlaub, Feiertage, Reisezeiten, -kosten und die Arbeitsbedingungen sind zu definieren. Informationen über die geltenden Vorschriften im Ausland sind bei den Außenhandelskammern möglich. Siehe hierzu auch: www.ahk.de
- Die Pflichten und die Entscheidungsbefugnisse (personell, finanziell und leistungsbezogen) sind klar zu definieren. Dabei sind der disziplinarische Vorgesetzte mit dem Direktions- und Weisungsrecht sowie seine ständige Erreichbarkeit zu benennen.

- Die kostenlose Teilnahme des Bauleiters an Intensivsprachkursen für die Geschäfts- und Landessprache sowie eines interkulturellen Vorbereitungskurses ist sinnvoll, wenn Erfahrungen fehlen. Ein Anti-Terror- oder/und ein Sicherheitstraining ist bei Ausreise in ein bestehendes Krisengebiet sehr ratsam.
- Zu Vergütung, Zulagen, Trennungsentschädigung, Zahlungen in der Landeswährung, Gehaltsfortzahlung im Krankheitsfall, Bezahlung der Rückreise im Krankheits- und im Krisenfall (Kriegsausbruch, Terror, Naturkatastrophe) sowie zu Sachleistungen sind schriftliche Vereinbarungen zu treffen. Das Gehaltskonto im In- und Ausland sind zu benennen.
- Weichen die Lebenshaltungskosten (Cost of Living Allowance-COLA) im Land wesentlich von der Heimat ab, kann durch eine Nettovergleichsrechnung (Balance-Sheet) Klarheit erreicht werden. Dabei sind die Preise für Grundnahrungsmittel, Kleidung, Wohnung, PKW und Kultur zu vergleichen. Außerdem sind die Wechselkursschwankungen zu beobachten, um ein reales Einkommen zu erzielen.
- Der Arbeitslohn des Arbeitnehmers kann durch einen steuerfreien Kaufkraftausgleich erhöht werden. Basis sind die Sätze des Kaufkraftzuschusses zu den Auslandsbezügen im öffentlichen Dienst.
- Die Arbeitserlaubnis, der aufenthaltsrechtliche Nachweis und die Klärung der Unterkunft sind vor der Ausreise sicherzustellen.
- Die Nutzung eines Dienstwagens per Kauf oder Miete und der ggf. notwendige Erwerb einer ausländischen Fahrerlaubnis sind mit Kostenübernahme zu vereinbaren.
- Die Geltung deutschen Rechts und der Ort des Unternehmens als Gerichtsstand sollten vereinbart werden. Außerdem wird der Abschluss einer auch im Ausland geltenden Rechtsschutzversicherung für zivil-, verkehrs-, arbeits- und strafrechtliche Fälle mit der Vermittlung eines deutsch sprechenden Anwalts empfohlen.
- Soweit nicht im Vorhabenvertrag bereits festgelegt, ist die Vertragssprache zu nennen. Außerdem sind der Vertrag und wichtige Dokumente in der Landessprache und der deutschen zertifizierten Übersetzung zu übergeben.
- Beendigungsoptionen für die Zusatzvereinbarung sind Zweckerfüllung/ Endabnahme/ Schlusszahlung, Fristablauf, Rückruf im Krisenfall nach Reisewarnung oder nach Ausreiseaufforderung durch das Auswärtige Amt für das betreffende Gebiet oder aus Fürsorgepflicht bei negativer Gesundheitsprognose schriftlich zu definieren.
- Für die o. g. und andere Fälle ist ein vorzeitiges Rückkehrrecht der Familie zu vereinbaren. Für Heimreisen zum Besuch der Familie sind die Kosten im Budget zu berücksichtigen.
- Die verbindliche Wiedereingliederung im Unternehmen entsprechend der Qualifikation in ursprünglicher oder gleichwertiger Aufgabe ist notwendig, ggf. ist ein spezieller „back letter" zu formulieren.
- Für weitere rechtliche Aspekte der Entsendung kann ggf. nachgefragt werden unter Global employment: Siehe hierzu: www.global-employment.de
- Arbeitsrechtliche Aspekte sind dargestellt in:
  Elert, Nicole Hrsg. (2013) Praxishandbuch Auslandseinsatz von Mitarbeitern, Walter de Gruyter Verlag

- Für alle notwendigen Anträge und Nachweise gilt, dass sie rechtzeitig vor der Ausreise bestätigt vorliegen. Das bedeutet teilweise eine Antragstellung von über 6 Wochen vorher. Außerdem sind die Kündigungsfristen für Wohnungen, Telefon, Zusatzversicherungen, Mitgliedschaften in Fitnesscentern u. ä. zu beachten. Das bedeutet, dass der Zusatzvertrag möglichst 3 Monate vorher vereinbart wird.
Siehe hierzu Anlage 3 Check „Zusatzvertrag"

1.2.2 Tauglichkeitsvoraussetzungen

Da der Bauleiter im Ausland mit seinem Auftreten den Erfolg des delegierenden Unternehmens und auch des Vorhabens mitbestimmt, ist es für ihn persönlich wichtig,

- sich um einen richtigen Umgang mit dem Bauherrn, dessen Beauftragten und den anderen Beteiligten zu bemühen
- Verhandlungen sorgfältig vorzubereiten und durchzuführen
- bei seinem Auftreten auf Selbstbewusstsein, Einfühlungsvermögen, eigene und fremde Körpersprache zu achten
- sich auch in schwierigen Situationen selbst zu einem klaren Auftreten zu motivieren und sich in Verhandlungen nicht provozieren zu lassen
- sich gesund und fit zu halten
- sich umfassend zu informieren, um Situationen richtig bewerten zu können

Bevor der Auftrag an den Bauleiter erteilt werden kann, ist rechtzeitig seine gesundheitliche und psychische Tauglichkeit zu untersuchen. Dazu gehören Tropen-, Hitze-, Kälte-, Höhen- und Stress-Tauglichkeit. Ist damit zu rechnen, dass der Einsatz in Tropen, Kältegebieten, mit schwerer körperlicher Arbeit verbunden und weit ab von Arztstützpunkten erfolgen soll, ist auf besondere Sorgfalt durch den Vorgesetzten bei der Auswahl zu achten. Vorhandene Berufserfahrung im Ausland sollte es dem Bauleiter erleichtern, Probleme richtig einzuschätzen, gezielt zu handeln und Belastungen des Herz-Kreislaufsystems stabil zu verkraften.

1.2.2.1 Qualifikationen
Ein Bauleiter sollte über folgende Fähigkeiten verfügen:

- Analytisches Denken: straff gliedern, sauber definieren, gezielt fragen, analysieren
- Logisches Denken: erkennen notwendiger/hinreichender Bedingungen, trennen von Begründung – Behauptung-Tatsache, Ursache – Wirkung-Folgen
- Anpassungsfähigkeit: emotionale Situationen erkennen, reagieren, umschalten,
- Kontaktfähigkeit: Einfühlungsvermögen (Empathie), freundlich sein, Emotionen zeigen, solidarisch, kollegial wirken, sozial kompetent

- Selbstbewusstes Auftreten: unabhängig, selbstgesteuert, aufrecht, ruhig, optimistisch, diskussionsfrisch
- Lösungsorientiertes Handeln: klare Fragen, konsequente Abwehr von Unfairnis, Geduld
- Stressstabilität: schneller Abbau negativer Emotionen, Entspannung, Selbstkontrolle
- Starke Überzeugungskraft: starke Argumente, beharrlich, zurück zum Thema
- Auftreten als „Generalist": Wissen um die Randgebiete seiner Ausbildung aneignen und nutzen, um anerkannter Partner in Streitgesprächen mit den Vertretern anderer Gewerke zu sein, ohne belehrend zu wirken
- Entscheidungsfreude: klar, prägnant, trennen von Wichtigem vom Unwichtigen
- Konzentrationsfähigkeit: nie abschalten, diszipliniert sprechen, nicht wiederholen

Ungeeignet für die Position des Bauleiters sind Alkoholiker, Ernährungsfanatiker, Choleriker, Depressive, Pedanten, Diabetiker, Kreislauf-, Herz-, Nieren- und Leberkranke, Personen mit ungenügender psychischer Anpassungsfähigkeit an ungewohnte Bedingungen.

Siehe hierzu Anlage 1 Check „Eignung"

Mit dem internationalen Impfausweis ist nachzuweisen, dass alle für das Land nachzuweisenden Impfungen erfolgten und für den Aufenthaltszeitraum noch wirksam sind. Andernfalls können Ausreise oder die Einreise in das Land von den zuständigen Behörden verweigert werden. Im Impfpass ist auch die Blutgruppe anzugeben, was besonders für schwere Verletzungen und damit verbundene notwendige Bluttransfusionen wichtig ist.

Im Vordergrund stehen neben den Standard-Impfungen wie Masern, Röteln, Diphtherie, Pocken, Keuchhusten (Pertussis), Wundstarrkrampf (Tetanus), Pneumokokken, Kinderlähmung (Polyomyelitis), Grippe (Influenza), Hepatitis A und B folgende Schutzimpfungen (wichtig:Geltungsdauer), besonders in folgenden Ländern:

- Gelbfieber (10 Jahre) Zentralafrika, Südamerika
- Typhus /Paratyphus, (3 Jahre) fast alle Länder
- Cholera (1/2 Jahr) fast alle Länder, von WHO nicht empfohlen
- Meningokokken-Meningitis/Hirnhautentzündung
- Malaria Medizin je nach Gebiet, beginnend 1 Woche vor Reise und 6 Wochen nach Wiedereinreise
- Japanische Enzephalitis (4 Jahre) ostasiatische Länder Hierzu: „Centrum für Reisemedizin" konsultieren

Dringend zu empfehlen ist eine Anfrage beim Auswärtigen Amt zur aktuellen medizinischen Situation und ggf. vorhandene Epidemien oder Seuchen.

Für das Team ist eine Reiseapotheke vorzubereiten, die mindestens enthalten sollte:

- Schmerzmedikamente und Gelenksalben
- Medikamente gegen Darminfektionen, Seekrankheit, Durchfälle, Sodbrennen
- Schlaftabletten, Beruhigungsmittel, Augentropfen, Wundpuder, -spray, -salbe
- Verbandsmaterial, Thermometer, Puls- und Blutdruckmesser

Benötigt der Bauleiter oder ein Teammitglied ständig bestimmte Medikamente, so sollte er eine für den Aufenthalt ausreichende Menge mitnehmen.

Siehe hierzu: Anlage 12 Muster „Baustellenapotheke"

Für den Krankheitsfall oder Unfall ist der Abschluss einer privaten Auslandskrankenversicherung mit Rückholversicherung ratsam, wenn diese nicht bereits über das entsendende Unternehmen erfolgte.

1.2.3 Sprache

Soweit für die Baustelle kein Dolmetscher vorgesehen ist, hat sich der Bauleiter sprachlich darauf vorzubereiten. Dazu gehören

*   Kenntnis der allgemeinen Gruß-, Frage-, Zustimmungs- und Ablehnungsvokabeln in der Landessprache, oder zumindest in Englisch
*   Kenntnis der landesspezifischen Bau- und Ausrüstungsbegriffe des eigenen Fachgebietes, oder zumindest in Englisch
*   einfache Konversation in englischer oder einer im Lande üblichen anderen europäischen Sprache
*   Mitnahme eines geeigneten Wörterbuches für die Landessprache
*   Besuch eines Sprach-Intensivkurses

Kenntnis der wichtigsten Begriffe in einer der Weltsprachen ist vorteilhaft, da davon auszugehen ist, dass am Vorhaben sicher ein Mitarbeiter eine der Weltsprachen versteht. Dazu ist ein Intensivkurs in einer dort üblichen Sprache in der Vorbereitungsphase sehr hilfreich. Siehe hierzu: Anlage 19 „Grußformen"

1.2.4 Kleidung

Die persönliche Kleidung sollte dem Klima des Landes angepasst sein. Spezielle Arbeitsschutz-Kleidung und-Mittel sind abhängig von den jeweiligen Baustellenbedingungen vom entsendenden Unternehmen bereitzustellen.

Siehe hierzu Punkt 1.4. Standortbedingungen und 3.1.4. Arbeits- und Gesundheitsschutz.

In **warmen Ländern** sind neben der Arbeitsschutzkleidung empfehlenswert:

*   dünne, luftdurchlässige, kochbare Unterwäsche, Socken (Baumwolle) für mindestens 6 Tage
*   Oberbekleidung mit langen Ärmeln und langen Hosen früh und abends und festes Schuhwerk, um sich vor giftigen Insekten, Skorpionen und Vipern sowie vor Verletzungen an Dornenbüschen zu schützen.
*   Mindestens 2 Arbeitshemden und Arbeitsanzüge und Unterwäsche zum täglichen Wechseln, abhängig von der Möglichkeit des Kochwäsche-Waschens vor Ort

- Wetterschutzumhang
- Sonnenschutzbrille, ggf. Anpassung an Augen
- Sonnenschutzhut mit UV-Schutz
- Besonders in der Dämmerung länge Ärmel und lange Hosen und festes Schuhwerk

Für den Einsatz in **kalten Regionen** sind neben der Arbeitsschutzkleidung empfehlenswert

- Wetteranzug, wasserabweisend, gefüttert
- Filzstiefel
- langärmliger, warmer Woll-Pullover
- lange Unterhosen, langärmlige Unterhemden für 6 Tage, belastungsabhängig
- Strickweste, -Jacke
- Mütze
- gefütterte Handschuhe, 2 Paar

Um die Kleidung vor dem Befall mit Insekten zu schützen sollten geeignete Abwehrmittel nicht vergessen werden.

1.2.5 Dokumente

Zur Vorbereitung des Auslandseinsatzes außerhalb Europas gehört die Gültigkeit folgender Dokumente:

- Reisepass und Visa mit ausreichender Gültigkeit über den Aufenthaltszeitraum hinaus, soweit nicht eine Visafreiheit gilt
- Arbeits- und Aufenthaltserlaubnis, soweit landesspezifisch notwendig, innerhalb der EU ist für deutsche Bürger keine Arbeitserlaubnis notwendig
- Fahrerlaubnis für die vorgesehenen Fahrzeuge, auf deren Basis ggf. eine landesspezifische Fahrerlaubnis ausgestellt wird
- Betriebsausweis, auf dessen Basis ein Baustellenausweis ausgestellt wird
- Personalausweis für den Zoll und in den Schengenstaaten
- Ein-, Ausreisevisum je nach Notwendigkeit, rechtzeitige Beantragung
- Internationaler Impfausweis mit Nachweis geforderter Impfungen
- Zollerklärung, Ausfuhrgenehmigung für Projektunterlagen, Muster, Geräte
- Prüfung notwendigen Übergepäckscheins oder besonderer Ausfuhrgenehmigung
- Prüfung der Mitnahme zulässiger Geldmittel, Stückelung, Währung
- Tickets

Innerhalb der Europäischen Union genießen Arbeitnehmer Freizügigkeit. Das bedeutet, dass weder ein Visum noch einen Aufenthaltstitel benötigt werden. Es gelten jedoch recht unterschiedliche Meldepflichten.

Für weitere Dokumente gelten folgende internationale Vereinbarungen:

1.2.5.1 CIEC-Übereinkommen

Es ermöglicht die Ausstellung von mehrsprachigen Geburts-, Heirats- und Sterbeurkunden sowie Ehefähigkeits- und anderen Zeugnissen in den Vertragsstaaten.

1.2.5.2 Haager Postille

Wird für öffentliche Urkunden eine Apostille ausgestellt, dann bedarf es in den vielen Vertragsstaaten keiner weiteren Legalisation, d. h. die Echtheit der Unterschrift, des Siegels und der Befugnis des Ausstellers der Urkunde wird bestätigt. Davon betroffen sind Urkunden des Bundes (www.bva.bund.de), der Bundesländer, Gerichte, Verwaltungsbehörden und Urkunden, die sich unmittelbar auf Handelsverkehr und Zoll-Verfahren beziehen.

1.2.5.3 Sonstige Legalisation

Kommen o. g. Formen nicht infrage, ist die diplomatische oder konsularische Vertretung des Landes in Deutschland für die Legalisation zu konsultieren. In der Regel fordern diese eine Vor- und/oder Endbeglaubigung durch deutsche Stellen.Für die Endbeglaubigung wurde das Bundesverwaltungsamt eingesetzt :

Siehe hierzu: www.bva.bund.de E-Mail: beglaubigungen@bva.bund.de

Übersetzungen durch öffentlich beeidigte oder anerkannte Übersetzer gelten nicht als öffentliche Urkunden. Bestätigt der Gerichtspräsident die Eigenschaft des Übersetzers als anerkannter Sachverständiger, gilt das dann als öffentliche Urkunde.

1.3 Prüfung und Auswertung des Vertrages

1.3.1 Technische Aufgabenstellung

Im Vordergrund steht die Vollständigkeit und Aussagefähigkeit der mit der Ausschreibung (engl. Tender) geforderten und in den Ausführungsunterlagen dokumentierten Projektdokumentation, die geeignet ist, die Baustellenbedingungen zu definieren. Auch wenn der Bauleiter nicht an den Verhandlungen zu den Tender-, bzw. Ausschreibungsunterlagen beteiligt ist, benötigt er zur Vorbereitung seiner Arbeit besonders:

- Art und Umfang der zu realisierenden Leistungen gemäß Leistungsverzeichnis oder Leistungsbeschreibung und Dokumentation

- Art, Einsatzdauer und Anzahl der bereitzustellenden Bau- und Montage-Ausrüstungen, wie Krane, Bagger, Dieselaggregate, Container, LKW; u. a.
- Umfang und Zeitdauer der zur Realisierung benötigten Logistik
- Baustoffe-, Material- und Geräteeinsatz mit Qualität, Menge, Lieferdatum
- Benötigte Ausrüstungen für die Baustelleneinrichtung wie Stromerzeuger, Container für Aufenthalt, Werkstatt, Lager und Unterkunft, Tanks u. a.
- Benötigte Arbeitskräfte mit Qualifikation, Einsatzdauer, Anzahl und Einsatzdauer von besonders qualifizierten Spezialisten für die Vorbereitung und Realisierung besonderer technischer Prozesse
- Geforderte besondere Parameter, Technologien lt. Pflichtenheft oder Raumbuch
- Art, Qualität, Anzahl und Einsatzdauer besonderer Messmittel zur Kontrolle technisch – technologisch nachweisbarer oder nachzuweisender Parameter
- Besondere Anforderungen an die Baustelleneinrichtung
- Technisch-technologische Baufreiheitsbedingungen
- Abnahmekriterien, Funktions- und Prüfmethoden, Probebetriebkonditionen
- Ergebnisse der Projektverteidigung, technische Auflagen

Als Beispiel für detaillierte Aufgabenstellungen soll der Inhalt eines Raumbuches dienen, weil Räume fast immer Bestandteil von Vorhaben sind. Die klare Definition der geforderten Eigenschaften ist für Bauleiter sehr wichtig, obwohl die Forderungen durch die Ausführungsunterlagen umgesetzt sein sollten, aber bei Lieferungen und Abnahmen ihre Erfüllung nachzuweisen ist. Es hat besonders zu enthalten:

- Allgemeine Projektangaben, Bauherr, Innen-Architekt, Ort, Datum, Bauunternehmen
- Übersicht der dazu zu verwendenden Zeichnungen u. a. Unterlagen
- Raumstruktur, Baubeschreibung Wände, Decken, Rohfußboden, Wärmedämmung
- Länge, Breite, Höhe der Räume, Zweck, Anforderungen
- Zweck, Temperatur, Luftreinheit, Luftaustausch, Feuchtigkeit sowie Angaben für jeden einzelnen Raum oder wiederholbaren Raumtyp, ggf. per Simulation der Wärmeenergie-Bilanz nachgeprüft
- Lage der Räume, Fenster, Türen, Öffnungen, Art und Material festen Einbauten
- Fußbodenaufbau : Belagart, Fliesenart, Teppichart, Farben
- Fußbodenbelastungen dynamische und statische Punkt-, Flächen-Lasten
- Wandgestaltung: Anstrich, Tapeten, Verkleidungen, Farben
- Deckengestaltung: Anstrich, abgehängte Decke, Lage der Leuchten
- Fenster: Größe, Lage, Material, Wärmedämmung, Gitter, Öffnungsrichtung
- Sonnenschutz, Fensterbank-Gestaltung, Beschlag, Sicherung, Splitterschutz
- Türen: Lage, Größe, Öffnungsrichtung, Material, Gestaltung
- Wärme-, Schalldämmung, Brandschutz, Einbruchschutz, Zarge
- Panikschloss, Beschlagsart, Türschließer, – stopper, Schließanlage
- Elektro- und Kommunikation – Ausstattung: Lage von Steckdosen, Schaltern, Anschlüsse an Decken, Wänden und im Boden
- Sanitärausstattung: Lage der Armaturen und Ausrüstungen, Verlauf der Kanäle

- Lüftungsanlagen: Kanäle, Auslässe, zugelassene Luftgeschwindigkeit, Geräte
- Flure, Treppen, Durchgänge, bewegliche Trennwände
- Besondere Anforderungen: behinderten-, alters-, blindengerecht, exgeschützt u. ä.
- Sonstige Ausstattung : Lage, Nutzungsbereich, feste Einbauten, technologische Anlagen mit Fundamenten, Gewichten, Arbeits- und Schutzbereichen, Schildern,
- Freiräume, Wege, Möbel, Geräte

1.3.2 Vertragskonditionen

Soweit der Bauleiter bei der Verhandlung des Vertrages einbezogen war, kennt er alle Tücken des Vertrages. Erfolgte das nicht, benötigt er Einsicht in den Vertrag und das dazu vereinbarte Verhandlungsprotokoll. Schwerpunkte sind:

- Termine und Konditionen für das Wirksamwerden des Vertrages
- Vereinbarte Termine und Konditionen für Baustelleneröffnung, Baubeginn, Zwischentermine Leistungstermine und Abnahmen
- Beteiligte Firmen, mit den der Ablauf zu koordinieren ist
- Zahlungsmodalitäten, besonders Zahlungsbedingungen für Anzahlung, Abschlag, Schlusszahlung, zahlungauslösende Dokumente
- Möglichkeiten und Konditionen für die Lieferung von Wasser, Strom, Baustoffen, Kraft- und Hilfsstoffen, Dienstleistungen und Abwasser- und Müllbeseitigung
- Sicherheitsbedingungen, medizinische Versorgung,
- Mitwirkungspflichten des Auftraggebers
- Bevollmächtigte Vertreter des Auftraggebers
- Namen und Adressen kompetenter Partner des Auftraggebers und der beteiligten Auftragnehmer
- Finanzierungsabwicklung und Mittelbereitstellung über vereinbarte Bank
- Umfang und Sicherung der Baustelleneinrichtung
- Rapportregime und Verfahren bei Störungen des Bauablaufes

Da der Vertragsentwurf der Ausschreibung sicher einseitig entworfen wurde, sollten spezifische Fragen der Vertragsgestaltung geprüft werden.

Je nach Bedarf und Möglichkeit können die Vertragsbedingungen präzisiert werden, um Konflikte auf der Baustelle für den Bauleiter abzuwenden. Dazu folgende Beispiele:

- Begriffsbestimmungen für Bevollmächtigte des Bauherrn o. Ä. mit Kompetenzen
- Aufträge des Bauleiters, Auftrag-Annahme, Wirksamkeitsbedingung
- Protokoll, Bestätigung, Genehmigung, Schriftform, Kompetenz
- Zeitbestimmung, Kalender-Arbeitstage, gültiger Kalender, Arbeitsregime
- Vollmachten des leitenden Ingenieurs des Auftraggebers gegenüber dem Bauleiter des Auftragnehmers und dessen Vertreter, besonders bei Unterbrechung der Arbeiten, Fristen oder Beschleunigung der Arbeiten und bei Bestätigung vorläufiger Übergaben

- Vollmacht des Vertreters des beteiligten Auftragnehmers, Verhalten bei Weisungen, Qualifikation und Erfahrung, Entfernung bei Rücknahme der Bestätigung und Ersatz
- Übertragung von Arbeiten an Subunternehmer durch den Bauleiter, besonders Zulassung, Verantwortung, Information
- Zeichnungen auf Anforderung vom Bauherrn, Stückzahl, Prüfpflicht, Verteiler, Freigabe, Zugänglichkeit, Korrekturen, bereitzustellende Zeichnungen zur Endabrechnung nach Stückzahl, Art, Kosten für Mehrbedarf
- Garantien – Formulierung muss für Auftraggeber akzeptabel sein. Für das Angebot ist eine eigenverantwortliche Auftragnehmerinformation über die Realisierungsbedingungen, Baustellenumfeld, Berücksichtigung aller Umstände zur vollständigen Vertragserfüllung notwendig und im Angebot zu definieren.
- Das Vertrags-Arbeitsprogramm hat die Reihenfolge der Haupt-Arbeiten und Methoden der Durchführung, Zahl, Dauer und Charakteristik der eingesetzten Arbeitskräfte, Haupt – Materialien und Ausrüstungen, Nacht- und Feiertagsarbeit, Zeit für Übergabe nach Übernahme Baustelle, erforderliche Genehmigungen zu enthalten.
- Die Vermessungstreue ist durch klare Verantwortung, Sicherung der Festpunkte, Bezugslinien, Höhen, Bereitstellung der Ausrüstungen und Nachweise zu sichern
- Bereitstellung von angemessenen, trockenen, heizbaren und verschließbaren Aufenthalts-, Arbeits-, Lager- und Montageräumen einschließlich Inventar durch den Auftraggeber
- Bereitstellung der Betriebsstoffe(Wasser, Strom, Öle, Fette, Heizmaterial, Hilfsgeräte für Be- und Entladung sowie die Montage mittels Hebezeugen)
- Bereitstellung erforderlicher Hilfskräfte für Be- und Entladearbeiten, Hilfsarbeiten bei der Montage und Arbeiten in Außenanlagen, Aushub, Kabelzug o. ä.
- Sicherheit – Verantwortung für Beleuchtung, Einfriedung und Bewachung, Haftung für Maßnahmen zum Schutz von Leben und Eigentum Dritter, Arbeits- und Gesundheitsschutz, Erfüllung arbeitsrechtlicher Pflichten, Verhalten bei Funden von archäologischem oder geologischem Wert
- Transporte-Prüfung der Eignung der Zugangswege per Straße oder Wasserwege
- Schadenersatzansprüche, Versicherungen
- Leistungen Dritter, notwendige eigenverantwortliche Koordinierung
- angemessene Gelegenheit zur Durchführung deren Arbeiten
- Arbeitskräfte-Verantwortung für: Unterbringung, Beköstigung, Sanitäreinrichtung, erste Hilfe
- Verbot von Alkohol, Drogen und Waffen; Verletzung von ethischen, religiösen Sitten, Festen und Gebräuchen; Vorsorge gegen gesetzwidriges, ungebührliches oder aufrührerisches Verhalten; Maßnahmen bei Epidemien, Unfällen, Verbrechen
- Herstellungsverfahren und Qualität werden geprüft, dazu notwendige Materialien, Muster, Instrumente und Ausrüstungen sind bereit zu stellen
- Leistungen: angebotene Mengen und Arbeiten sind durch tatsächliche Mengen abzulösen und zu messen, Messmethoden sind vorher abzustimmen, als Nachweis gelten Messungen, Bautagebuch, Zeichnungen und Liefernachweise
- Zu erwartende landestypische Inspektionen

- Alle Arbeiten einschl. Fundamente sind vor dem Verdecken zu prüfen,
- Endgültige Übergabe durch Komitee o. Ä., Zahlungsbedingungen, Aufmaß, Zertifikate
- Wartung – Frist der Wartung durch Auftragnehmer, Ersatz- und Verschleißteile- Lieferung, Liefernachweis, Einlagerung, Garantiebedingungen
- Änderungen und Zusätze im Lieferprogramm, Arbeiten nach Tagewerkspreisen
- Beräumung der Baustelle, Herstellung eines definierten Zustands, Beschaffung behördlicher Genehmigungen für Wiederausfuhr, Zollfreimachung, Ausreisen
- Schriftliche Vereinbarung eines gemeinsamen Risikos bei Zahlungsverzug o. Ä. mit den Nachunternehmen

1.3.3 Banken, Versicherungen

1.3.3.1 Banken

Für die Abwicklung der Bauvorhaben ist die Nutzung einer zuverlässigen Bank für alle Zahlungen und Zahlungseingänge lebenswichtig. Banken des Bauherrn überprüfen ggf. unangemeldet den Baufortschritt im Vergleich zur beantragten Kreditausreichung auf der Baustelle. Zahlungsauslösende Schritte nach den vereinbarten Akkreditiven und „Incoterms" gegenüber den beteiligten Banken sollten nur nach präziser Aufforderung der Fachleute des entsendenden Unternehmens veranlasst bzw. durchgeführt werden. Für Bauleiter ist die Kenntnis der Incoterms und die Rolle der dazu verwendeten zahlungsauslösenden Dokumente, die er ggf. zu bestätigen hat, wichtig. Außerdem ist die Überweisung von Geldbeträgen über eine zuverlässige Bank auf die Baustelle präzise festzulegen. Das erfolgt bei unsicheren Bedingungen oft über Dokumenten-Akkreditive und eine zweite Bank, die sogenannte Remboursbank.

1.3.3.2 Versicherungen

Versicherungen dienen im Ausland besonders der Betriebshaftpflicht. Je nach den örtlichen Bedingungen ist auch eine Bauleistungsversicherung ratsam. Außerdem sind Haftpflichtversicherung für Gewässerschäden, Unfall- und Zusatz-Auslands-Krankenversicherung, Kfz-, Glas-, Elektronik-, Feuer-, Einbruch-, Diebstahl-, Baugeräte- und der Bauherren-Haftpflicht-, Rechtsschutz- Versicherung u. A. üblich.

In der Einsatzvorbereitung ist zu prüfen, inwieweit diese Versicherungen im Ausland wirken und welche internationalen oder landesspezifischen Versicherungen genutzt werden können. Bei der Nutzung der spezifischen Incoterm ist die vertragliche Vereinbarung der verwendeten Versicherung und der Bestimmungsort zu beachten.

1.3.4 Grenz- und Landesbehörden

Bei der Abwicklung von Projekten, Ein- und Ausfuhren sind vor allem folgende Organe beteiligt:

1.3.4.1 Bundesamt für Wirtschaft und Ausfuhrkontrolle (BAFA)

Entsprechend Außenwirtschaftsgesetz ist der Warenverkehr mit fremden Wirtschaftsgebieten bis auf folgende Ausfuhrgenehmigungspflichten durch das BAFA frei.

Bei geplanter Rückführung von Geräten, Anlagen und Fahrzeugen sind die für das jeweilige Land geltenden Außenhandels-Bestimmungen zu ermitteln. Dazu gehören oft:

- Handelsrechnungen mit konsularischer Legalisierung
- Ursprungszeugnisse und Nachweis der temporären Einfuhr
- Präferenznachweise
- Warenverkehrsbescheinigungen, von der zuständigen Zollstelle geprüft und gestempelt
  Für Einzelheiten siehe hierzu: www.ausfuhrkontrolle.info

1.3.4.2 Zoll

Im Auslandseinsatz ist ein stabiler Kontakt zu den Ein- und Ausfuhr-Zollbehörden des Landes oft lebenswichtig. Es kann die Ausgabe importierter Geräte, Materialien und Maschinen aus dem Zolllager aufgehalten oder gar verweigert werden, was zu erheblichen Bauverzögerungen führen kann. Außerdem kann es bei der Rückführung temporär eingeführter Sachen zu Schwierigkeiten kommen, weil Dokumente, Kopien oder Unterschriften fehlen und Korruption oft nicht ausgeschlossen werden kann.

Für Einzelheiten zum Zoll siehe hierzu: www.zoll.de

Über ausländische Zollsätze informiert die „German Trade and Invest – Gesellschaft und Standortmarketing (GTAI)"

Siehe hierzu: www.gtai.de

1.3.4.3 Auswärtiges Amt

Das Deutsche Auswärtige Amt verfügt über weitreichende Kenntnisse über die aktuelle Situation der Länder. Außerdem können dort Informationen und Adressen ausländischer und deutscher Vertretungen eingeholt werden. Im Ausland sind diese Informationen sehr wichtig aber dort kaum noch zu erhalten. Besonders in Krisensituationen können diese Informationen lebenswichtig sein. Das gilt besonders für

- Reisehinweise
- Reisewarnungen und Sicherheitshinweise
- Länder-Gesundheitsdienst

Außerdem kann eine rechtzeitige Beratung mit einem zuständigen Vertreter des Auswärtigen Amtes helfen, Kontakte zu bereits im Lande arbeitenden deutschen Firmen zu knüpfen, die vor Ort wichtig sein können

Siehe hierzu: www.auswaertiges-amt.de/DE/Laenderinformationen

1.3.4.4 Botschaften, Konsulate

Die deutsche Botschaft des jeweiligen Landes sollte über den Einsatz bei einem dortigen Bauvorhaben informiert und konsultiert werden. Der Bauleiter kann dort Informationen erhalten, die für das Vorhaben und auch für das Team existenziell sind. Für die Anmeldung im Land, für Informationen über aktuelle Besonderheiten, für Dokumente und personelle Besonderheiten empfiehlt es sich, mit der deutschen Botschaft, dem deutschen Konsulat, der deutschen Handelskammer o. Ä. in Verbindung zu setzen bzw. sich dort zu einem Besuch telefonisch anzumelden: Hierzu: www.konsularinfo.diplo.de

Im Land empfiehlt es sich in eine Krisenvorsorgeliste („Deutschenliste" oder ELEFAND) bei der deutschen Auslandsvertretung gemäß § 6.3 des deutschen Konsulargesetzes eintragen zu lassen. In Krisen- und anderen Ausnahme-Situationen kann so schnell Verbindung aufgenommen werden. Die Registrierung kann passwortgeschützt im Online-Verfahren erfolgen unter: http://service.diplo.de/registrierungav

1.3.4.5 Polizeibehörden

Behörden der Polizei sind im Ausland u. a. einzubeziehen, wenn es gilt,

- Verkehrsräume zu nutzen, in gefährlichen Gebieten zu bauen,
- Beschwerden und Anzeigen zu behandeln,
- Verkehrszeichenplanung abzustimmen
- Unfälle abzuwenden und Informationen zum Umfeld zu erhalten,
- bei Katastrophen-Schutzmaßnahmen ihre Mitwirkung oder Zustimmung zu erhalten
- Entscheidungen zu fällen bei Bodensondierung und nach Sprengkörperfunden die Entsorgung zu veranlassen.
- In Notsituationen Sicherheitsmaßnahmen zu organisieren

An Flughäfen, auf Baustellen und in Unternehmen erfolgen Kontrollen und auch Festnahmen durch private Sicherheitsdienste, die in Abstimmung mit Polizeibehörden erfolgen.

1.3.4.6 Bauaufsichtsbehörden

Sie genehmigen oder verweigern ein Vorhaben gemäß den im Ausland geltenden Bestimmungen und Richtlinien des Territoriums nach Konsultation bzw. Auswertung der eingereichten Dokumente und Abstimmungsnachweise mit den Trägern öffentlicher Belange. Sie kontrollieren den Einsatz der im Territorium zugelassenen Verfahren und Materialien und die Arbeit der Bauleiter. Landesspezifisch bestehen unterschiedliche Behörden, die vergleichbare Aufgaben der deutschen Ämter für Bauaufsicht, Arbeits- und Gesundheitsschutz, Grundbuch, Brandschutz, Umwelt, Wasser, Ausländeraufenthalt, Denkmal- und Landschaftsschutz übernehmen.

1.3.5 Außenhandelsrecht

Voraussetzung für Rechtsgeschäfte im Außenhandel sind Willenserklärungen rechts- und geschäftsfähiger natürlicher oder juristischer Personen entsprechend dem allgemeinen privaten Recht. Das öffentliche Baurecht gilt kraft Gesetz und bedarf keiner Willensübereinstimmung. Die Auswahl der für das Ausland geltenden Bestimmungen ist vom

Unternehmen auf Aktualität zu prüfen, da diese sich in den Länder je nach internationaler Orientierung der Regierung ändern können. Hilfreich sind Informationen der deutschen Außenhandelskammer unter: www.ahk.de

Bei der Vorbereitung und Durchführung von Bauvorhaben im Ausland wird ein Bauleiter besonders mit folgenden Gesetzen und international üblichen Regelungen konfrontiert. Deshalb an dieser Stelle ein kurzer Überblick, ohne eine Rechtsberatung zu starten. Dazu sollte sich der Bauleiter stets eines Beraters im Unternehmen oder eines international tätigen Rechtsanwaltes bedienen. Deutsche Gesetze sind abrufbar unter: www.juris.de

Schwerpunkte sind:

- Entsendegesetz: Es enthält die für den Einsatz des Bauleiters und sein Team geltende Regelungen, die den Inhalt der Zusatzvereinbarung zum Arbeitsvertrag wesentlich beeinflussen können
- Außenwirtschaftsgesetz (AWG): Der Warenverkehr mit fremden Wirtschaftsgebieten ist frei bis auf folgende Ausfuhrgenehmigungspflichten durch das Bundesamt für Wirtschaft und Ausfuhrkontrolle (BAFA):
  - Güter die in der Ausfuhrliste genannt werden
  - Gütern die verwendungsbezogen einer Genehmigung bedürfen
  - Güter, die für Personen bestimmt sind, denen keine wirtschaftlichen Vorteile verschafft werden sollen

Außerdem kann ein Teil- oder Ganzembargo eine Ausfuhr verhindern. Basis dafür sind Resolutionen des UN-Sicherheitsrats oder EU-Beschlüsse

- Außenwirtschaftsverordnung (AWV): Sie enthält:
  - Genehmigungserfordernisse für die Ausfuhr von Gütern
  - Genehmigungserfordernisse für technische Unterstützung
  - Meldevorschriften im Kapital- und Zahlungsverkehr
  - Anlage 1 Ausfuhrliste für Waren (AL)
- Ausfuhrliste AL, die Anlage 1 zur AWV enthält die Waren, deren Ausfuhr Genehmigungspflichten unterliegen:
  - Teil I, Abschnitt A die Rüstungsgüter, Waffen, Munition
  - Teil I, Abschnitt B die Dual-Use-Güter, die sowohl zivil als auch militärisch genutzt werden können
  - Teil II Waren pflanzlichen Ursprungs
- EG-Dual-Use-Verordnung enthält in dem Anhang I der Fassung vom 31.12.2014 die verschiedenen Waren-Kategorien und Warennummern einschließlich der Überwachungstechnik, die als Gemeinschaftsregelung für die Kontrolle der Ausfuhr getroffene Beschlüsse in den internationalen Export- Kontrollgremien umsetzt. Sie wird durch die nationalen Regelungen des AWG und AWV ergänzt.
- Einzelausfuhrgenehmigungen können über eine „Elektronische Antragserfassung und Kommunikation" ELAN K2 bei dem Bundesamt für Ausfuhrkontrolle (BAFA) online eingereicht werden. Eine Ausfüllanleitung kann erfolgen über: www.ausfuhrkontrolle.info

- Nullbescheid: Auf eine formlose Auskunft kann ein Nullbescheid erfolgen, wenn das Ausfuhrvorhaben weder verboten noch genehmigungspflichtig ist
- HADDEX, das Handbuch der Deutschen Exportkontrolle, liefert aktuelle Informationen und vermeidet so Rechtsverstöße:
  - Band 1 kommentiert Genehmigungspflichten und-verfahren
  - Band 2 Embargos A-K
  - Band 3 Embargos L-Z
  - Band 4 Maßnahmen zur Terrorismusbekämpfung/Sanktionslisten
  - Band 5 Rechtsvorschriften des europäischen und nationalen Exportkontrollrechts
  - Band 6 Beschlüsse der Bundesregierung, Runderlasse, Veröffentlichungen, Formulare und Muster des Bundesamtes für Ausfuhrkontrolle (BAFA)

Hierzu ISBN 978-3-88784-441-7 bzw. haddex@bafa.bund.de

- Zollgesetze: Mit der Ausfuhr aus dem Zollgebiet der EU wird eine Zollverfahren notwendig, das eine elektronische Ausfuhranmeldung (Einheitspapier), die Übergabe der Handelsrechnung, Warenverkehrsbescheinigung, Ausfuhrgenehmigung u. a. Dokumente an die zuständige Zollstelle beinhaltet. Das zur Einfuhr in das jeweilige Land geltende Zollgesetz ist zu beschaffen.
- Zu den Zollvorschriften zählt neben dem Zollgesetz der Unionszollkodex (UZK) der u. a. folgendes beinhaltet (ab1.5.2016)
  - Neue vereinfachte Zollverfahren für den Im- und Export in der EU
  - Zollanmeldungen im Internet mit kompatiblen IT-Systemen der EU- Mitgliedsländer
  - Nutzung des kostenpflichtigen Status „Zugelassener Wirtschaftsbeteiliger (AEO)" in den Stufen C (customs) für Zollvereinfachung, S (security) für Sicherheit und F (full) für Vereinfachung und Sicherheit, wenn das Unternehmen als zuverlässig zählt
- Für die Ausfuhr der Waren in das Ausland hat oft eine besondere Legalisierung der Exportdokumente, Handelsrechnungen, Warenverkehrsbescheinigungen, Ausfuhrgenehmigungen, Ursprungszeugnisse, von der IHK beglaubigt, durch die Botschaft des jeweiligen Landes zu erfolgen. Für die vorübergehende Einfuhr von Ausrüstungsgegenständen und Mustern eignet sich das „ATA-Carnet", ein Zolldokument,
- EORI-Nummer: Bei Ausfuhranträgen ist vorher diese Nummer bei dem Informations- und Wissensmanagement Zoll, Cariusufer 3-5,01099 Dresden, Fax 0351 44834-444 zu beantragen und mit der Niederlassungsnummer bei Anträgen anzugeben.
  Siehe hierzu: www.zoll.de
- International anerkannt sind die ICC-Regeln insbesondere für
  - Zolldokumente der vorübergehenden Einfuhr von Ausrüstungsgegenständen, Mustern u. a. nach dem ATA-Carnet-System, das als Warenpass von der regional zuständigen IHK ausgestellt werden kann. Außerdem wird das INF-3-Formular dazu verwendet.
  - Bankgarantie-Richtlinien, Regeln für Dokumentenakkreditive
  - Anti-Korruptionsrichtlinien, „Anti Corruption Clause" (2012)
  - Regeln zur Streitbeilegung, „Amicable Dispute Resolution (ADR)"

Hierzu www.iccgermany.de

- Speditionsregeln: Sie enthalten vereinheitlichte Bedingungen für die organisatorische Abwicklung von Transportleistungen per LKW, die genutzt werden können.
- Für die finanzielle Absicherung der Exporte ist die Nutzung der Methode Akkreditiv oder Dokumenteninkasso günstig.
- Hohe Risiken können bei Bedarf ggf. durch staatliche Ausfuhr-Bürgschaften und – Garantien über die Euler Hermes Kreditversicherungs AG Hamburg verringert werden. Hierzu www.agaportal.de
- Gesetze des Nicht-EU-Auslandes sind besonders bei Importen und geplanter später Rückführung von Geräten und Maschinen vorher zu klären. Dazu gehören – Handelsrechnungen mit IHK oder konsularischer Legalisierung
    - Ursprungszeugnisse
    - Präferenznachweise, Warenverkehrsbescheinigungen, von der zuständigen Zollstelle geprüft und abgestempelt
    - Verwendung des international üblichen Zollpassierscheinheftes Carnet A.T.A. bzw. das Inf.3-Formular

Dazu gehört die übliche individuelle Vereinbarung für spezielle Probleme zwischen entscheidungsbefugten Vertragspartnern, die vorrangig vor Standardverträgen gilt, wenn sie nicht gegen geltende Gesetze verstößt.

1.3.6   Sonstige Beteiligte im Ausland

Je nach Vertragsgestaltung, Land, Größe und Komplexität des Vorhabens, politischem und kulturellem Umfeld kommen weitere Beteiligte hinzu, die es gilt, bei der Vorbereitung des Einsatzes zu berücksichtigen. Günstig ist es, sich über diese Beteiligten vorab zu informieren.

1.3.6.1   Fachberater, Gutachter, des Bauherrn

Gutachter werden auch im Ausland von ausführenden Unternehmen zur unabhängigen Bewertung besonderer Umstände, beispielsweise der Bodenbeschaffenheit, der Umwelt, des Arbeits- und Gesundheitsschutzes, des Brandschutzes, des Schallschutzes, des Natur-, Wasser- und Landschaftsschutzes o. Ä. als Voraussetzung für die Durchführbarkeit eines Vorhabens eingesetzt. Oft fordert der ausländische Bauherr die Nutzung einheimischer Fachberater. Zu beachten ist, dass diese häufig auf europäischen Universitäten und Hochschulen studiert haben und hohe Ansprüche an den Bauleiter stellen können.

1.3.6.2   Prüflabors des Landes

Dazu gehören Labore für Betonfestigkeitsprüfungen, Erdstoff- und Materialprüfungen, Bodenkontamination, Messungen der Umweltbedingungen u. Ä. Die Protokolle sind notwendige Nachweise für die Bauleiter. Bei Beton sind aus Erfahrung von den ausländischen Bauherrn besonders die amerikanischen Normen bevorzugt. Dabei ist besonders auf die einzuhaltenden Siebkennlinien, die Bereitstellung zugehöriger verschiedener Kiessorten und auf die Kontrolle der zu erreichenden Druckfestigkeit der anzufertigenden Prüfwürfel zu achten, weil diese häufig besonders kontrolliert werden und bei Mängeln hohe Kosten verursachen können..

1.3.6.3 Ver- und Entsorgungsunternehmen

Ausländische Unternehmen für Trinkwasser, Abwasser, Gebrauchswasser, Gase, Strom, Telekommunikation, Verkehrsbetriebe, Eisenbahn, Straßenreinigung, Müll- Schutt-, Boden-Entsorgung, Fernwärme, Ölversorgung, Deponien gehören zum Alltag des Bauleiters. Es gilt sie rechtzeitig einzubeziehen, weil sie Hinweise zum Anschluss, zum besten Verlauf und Größe der Leitungen und zu perspektivischen Vorhaben im Gebiet geben können. Die verspätete Einreichung von Anträgen oder Bestellungen können wegen der üblichen langen Bearbeitungszeit den Bauablauf enorm verzögern, besonders wenn diese mit der Konkurrenz verbunden sind. Grundsätzlich sind Vereinbarungen schriftlich zu protokollieren, damit mögliche Sprachhürden im Gespräch nicht zu erheblichen Verzögerungen oder Verlusten führen können.

1.3.6.4 Dienstleistungsunternehmen

Unternehmen wie Post, Kurier- und Paketdienste, Reinigung, Vervielfältigung, Sicherheit u. Ä. werden von den Bauleitern im Lande meistens direkt beauftragt und genutzt. Dazu sind ausreichende Mittel in Landeswährung bereitzuhalten. Bei Vertragsabschluss sollte ein Dolmetscher eingeschaltet werden. Wichtig ist es, die verbindlichen Adressen und Verantwortlichen der jeweiligen Firmen im Umfeld des Vorhabens vorher zu ermitteln.

1.3.6.5 Erste Hilfe-Stationen in der Umgebung

Die Information, wo der nächste Arzt, die nächste ständig erreichbare Unfallklinik, die vom Auftragnehmer benannten verantwortlichen Sanitäter zu erreichen sind, können lebenswichtig sein. Diese Angaben mit Adresse, Name, Telefon, Mobiltelefon, zeitlicher Erreichbarkeit, sollte ein Bauleiter stets griffbereit und an einer stets erreichbaren Stelle aufbewahren.

1.3.6.6 Nachbarn

Nachbarn sind rechtzeitig über das Vorhaben zu informieren und über sie betreffende Fragestellungen zu unterrichten und einzubeziehen, da sich die Realisierungsbedingungen dadurch wesentlich erleichtern können. Schwerpunkte sind

- Lärm- und Staubschutz, Duldung geringer Störungen
- Zulassung der Grenzbebauung und Rückverankerung des Verbaus
- Nutzung von Freiflächen der Nachbarn für die Baustelleneinrichtung,
- Informationen über den Bestand zur Einhaltung ausreichender Abstände zu unterirdischen Leitungen, Fundamenten
- Verkehrsfragen
- Informationen über die bisherige Nutzung der Flächen und Besonderheiten des vorhandenen Baugrundes

Zwingend notwendig ist die nachweisliche Information der Nachbarn, wenn der Bauablauf eine Unterbrechung der Strom-, Gas- oder Wasserversorgung und eine zeitweilige Sperrung der Zufahrt erfordert. Außerdem hilft ein freundliches Verhältnis zum Nachbarn dabei, zeitweilige Überschreitungen des Schallpegels, der Staubentwicklung u. a. Behinderungen durch den Baubetrieb vom Nachbarn zu ertragen.

1.3.6.7 Vereine, Initiativen, Verbände

Sie sind bei zu erwartenden Aktionen vorher vorbeugend in geeigneter Form durch kompetente Vertreter einzubeziehen und zum Ablauf zu informieren, um späteren Konflikten vorzubeugen oder rechtzeitig notwendige Entscheidungen zu veranlassen. Das gilt besonders, wenn in der Nähe von Naturschutzgebieten, religiösen Kultstätten, Slums oder auch von paramilitärischen Einrichtungen gebaut wird. Wichtig ist ein gesundes Verhältnis zu NGO und internationalen Organisationen, die über wichtige aktuelle und oft recht nützliche Informationen verfügen und bei Krisen helfen können.

1.3.6.8 Presse und Medien

Sie sind ggf. zu informieren zur vorbeugenden positiven Image-Bildung bzw. zur Kontaktpflege. Notwendige. Anmeldungen zur Einbeziehung von Verantwortlichen des Unternehmens sind zwingend zu fordern, da dem Bauleiter die Hintergründe für derartiges Medieninteresse nicht bekannt sein können und er für derart weitreichende Informationen oft keine Vollmacht hat.

Besondere Vorsicht ist bei der Nutzung der sozialen Netzwerke wie Facebook, Twitter u. a. geboten, weil dort schnell schädliche Wirkungen für das Vorhaben und die Personen verbreitet werden können, ohne dass der Bauleiter darauf sofort reagieren kann.

1.3.6.9 Partei – Vertreter

Sie haben ggf. Einflüsse bei Entscheidungen regionaler Behörden und Kommissionen, besonders wenn gegensätzliche Positionen vertreten werden. Erklärungen zum Unternehmen oder zum Bauherrn sollten mit dem Hinweis auf deren Adresse möglichst unterlassen werden, um nicht unnötig geplante Konflikte zu fördern. Wichtig ist es, sich die Kompetenz nachweisen zu lassen, für die Partei sprechen zu können. Persönliche Meinungen sind für die Parteien uninteressant. Bei Abstimmungen sind die Struktur von kommunalen Verwaltungen und Fraktionen, die Zusammensetzung der verschiedenen Ausschüsse und der lange Weg für Beschlüsse zu beachten. Das gilt besonders wenn mit Sanierungs-, Erhaltungs- oder Enteignungssatzungen vergleichbare Entscheidungen vorliegen. Es ist jedoch Vorsicht geboten, wenn die Arbeiten von behördlichen Entscheidungen abhängen und Äußerungen zu politischen Themen stören können.

1.3.6.10 Religionsvertreter

In einigen Ländern haben die amtlichen Vertreter der geltenden Hauptreligion des Landes großen Einfluss auf staatliche Entscheidungen. Deshalb ist ein neutrales Verhältnis aufzubauen, ohne jegliche Bewertung, Äußerung zu anderen Religionen oder jede Art von parteiischen Stellungnahmen. Es sind in einigen Ländern bei Verletzungen der geltenden Meinung leicht Verhaftungen bis hin zu Todesurteilen möglich.

Siehe hierzu Punkt 1.4.8 „Religionen"

1.3.6.11 Übersicht

Die Bauleitung hat die Übersicht über alle Beteiligte aktuell zu halten, um im Bedarfsfall sofort reagieren zu können:

- Genaue Bezeichnung des Unternehmens, des Vereins bzw. der Behörde
- Adresse mit Haus- und Postanschrift, Postleitzahl, Postfach
- Telefonnummer Festnetz, Mobilfunk, Faxnummer E-Mail, Internetadresse
- Geschäftsführer, Amtsleiter, entscheidungsbefugter Angestellter
- anzusprechende Person, Name, Vorname, Mobil-Telefonnummer
- Anwesenheits-Zeiten

Die wichtigsten Adressen sind den Bauleitern bei der Arbeitsaufnahme nachvollziehbar zu übergeben. Wesentliche Adressen sind im Baubüro auszuhängen und aktuell zu halten.

1.4 Standortbedingungen

1.4.1 Landesinformationen

Sind Land und Ort der Baustelle definiert, gilt es die notwendigen Informationen über die Standortbedingung zu sammeln:

- Hinweise des Auswärtigen Amtes, der AHK und der Konsulate
- Geltendes Bauordnungsrecht, Bodenordnung, Brand- und Schallschutz
- Klima, Besonderheiten des Natur- Umwelt- und Landschaftsschutzes
- Politische Verhältnisse
- Rolle, Charakter, Status und Einfluss des Auftraggebers im Land

Nachdem das Land des Auslandseinsatzes festlegt, kommt es darauf an, sich möglichst umfassend über die aktuellen Bedingungen zu informieren. Dazu gehören:

- Reisewarnungen für ein Gebiet, in dem eine akute Gefahr für Leib und Leben besteht.

- Ist trotzdem der Einsatz notwendig, sind ausreichende Sicherheits-Maßnahmen, Garantien und der Einsatz von zuverlässigen Sicherheitskräften erforderlich
- Sicherheitshinweise machen auf besondere Risiken aufmerksam, die es durch eine zielgerichtete Vorbereitung zu beachten gilt. Neben Terrorwarnungen sind oft ethnische, nationalistische oder politische Konflikte, Kriegsgefahren, schwere Krankheiten oder Epidemien die Ursache.
- Reisehinweise machen auf Besonderheiten für Ein- und Ausreise, Zollbestimmungen, notwendige Impfungen und medizinische Vorsorge, Verkehrs-Regeln, Umgangsformen und besondere Vorschriften im Land oder anderes aufmerksam. Siehe hierzu: www.auswaertiges-amt.de/DE/Laenderinformationen
- Für die Anmeldung im Land, für Informationen über aktuelle Besonderheiten, für Dokumente und personelle Besonderheiten empfiehlt es sich, mit der deutschen Botschaft, dem deutschen Konsulat, der deutschen Handelskammer, mit erfahrenen Bauleitern o. a. in Verbindung zu setzen bzw. sich dort zu einem Besuch telefonisch anzumelden: Siehe hierzu: www.konsularinfo.diplo.de
- Im Land empfiehlt es sich, in eine Krisenvorsorgeliste („Deutschenliste" oder ELEFAND) bei der deutschen Auslandsvertretung gemäß § 6.3 des deutschen Konsulargesetzes eintragen zu lassen. In Krisen- und anderen Ausnahme-Situationen kann so schnell Verbindung aufgenommen werden. Die Registrierung kann passwortgeschützt im Online-Verfahren erfolgen unter: Siehe hierzu: http://service.diplo.de/registrierungav

Unter besonderen Umständen, vor allem außerhalb Europas, ist die Kontaktaufnahme mit der diplomatischen oder konsularischen Vertretung des Landes in Deutschland von Vorteil.

1.4.1.1   Klima

Das Klima kann in einem Land stark variieren. Deshalb ist es notwendig, die konkreten Bedingungen im Gebiet der Baustelle zu ermitteln.

In warmen tropischen und subtropischen Gebieten einschließlich Australien, China und den ozeanischen Inseln können Temperaturen über 50 °C und Luftfeuchten von 30 bis 100 % bei Temperaturdifferenzen von 40 °C zwischen Tag und Nacht auftreten. Da die Wärmeabgabe des Körpers besonders bei körperlicher Belastung bei hohen Temperaturdifferenzen zwischen Körper- und Außentemperatur, bei hoher Luftfeuchte und fehlender Luftbewegung zu einer hohen Belastung des Kreislaufes führt, ist in der Startphase Vorsicht geboten, bevor sich der Körper den Bedingungen angepasst hat:

- Körperlich wenig trainierte Personen sollten auf starke körperliche Belastungen verzichten
- Je nach Gesundheitszustand erfolgt eine Anpassung des Körpers an das Klima – eine Akklimatisation – nach 4 bis 8 Wochen.
- Vergleichbar ist diese Anpassung des Körpers an den Sauerstoffmangel in der Atemluft auf Baustellen über 1000 m über dem Meeresspiegel. Dabei steigt die Atemfrequenz und die Pumpleistung des Herzens, also die Kreislaufbelastung.
- Auch bei schnellen Ortswechseln in Ost-West-Richtung ist eine Anpassung des Organismus an die andere Zeitzone erforderlich.

Baurechtliche Rahmenbedingungen In Anlehnung an das deutsche Baurecht ist im jeweiligen Land zu prüfen und zu beachten:

- Die Raumordnungsplanung, insbesondere auf Übereinstimmung der Ziele des Vorhabens mit den Entwicklungszielen für das Gebiet : Struktur, Verdichtung/ländliche Entwicklung, allgemeiner Natur- Umwelt- und Landschaftsschutz, ggf. auch Grundflächen- und Geschossflächenzahl
- Das Bauplanungsrechts, insbesondere Landes-Baugesetz, mit deutschen Regelungen ggf. vergleichbare Baunutzungs-Bestimmungen, Bauleitplanung als Flächennutzungs- und Bebauungsplanung, notwendige Einbeziehung der Träger öffentlicher Belange, Umweltverträglichkeit, städtebauliche Gebote, Bodenordnung und Erschließung, Sanierungsmaßnahmen
- Einhaltung des Bauordnungsrechts, insbesondere Rechte der Bauaufsichtsbehörden, Ansprüche an Bauantrag und Bau-Genehmigungsverfahren, Enteignung, Einbeziehung tangierender Behörden und Nachbarn
- Örtlich bedingte Anforderungen an Natur-, Boden-, Wasser-, Schall-, Brand-, Gesundheits- und Landschaftsschutz, Grenzregelungen, Teilung und Zusammenlegung, Bodenwert-Abschöpfung, Wertermittlung,

Je nach Ausgestaltung des ausländischen Baurechts sind vom Bauleiter bei der Vorbereitung, Abwicklung und Endabnahme des Bauvorhabens viele weitere landesspezifische Eigenarten zu beachten. Besonders sorgfältig zu prüfen sind folgende Fragen:

- Wer führt die regelmäßigen Kontrollen des Baufortschrittes durch, ggf. ist es das Konkurrenzunternehmen, das bei der Vergabe verloren hatte?
- Wer ist abnahme- und weisungsberechtigt? Oft gibt es mehrere Behörden, die darauf Anspruch erheben, dann ist eine Entscheidung zu fordern.
- Welche Baugesetze und Normen gelten?
- Welche Baumaterialien sind im Lande zu verwenden bzw. verboten?

Zusätzlich ist zu prüfen: Welche mit Deutschland vergleichbaren Abgaben sind wann und wie im Land zu entrichten?

- Gewerbeertrags-, Gewerbekapital-, Einkommens-, Vermögens-, Produkt-, sonstige Sonder-Steuern, Steuer-Erleichterungen
- Grund- und Grunderwerbsteuer, Produktabgaben
- Straßennutzungs-, Abwasser-, Trink- und Gebrauchswasser-Steuern und sonstige Gebühren
- Umweltschutzauflagen, Einsatzbeschränkungen
- Erlaubniswesen, Behördenverhalten bei Steuer- und Finanzfragen, Gewinntransfer
- Fördermaßnahmen, Entlastungen

Häufig ist ein Bauleiter gezwungen, sofort bei international tätigen Unternehmen anzurufen, sich an Konferenzschaltungen zu beteiligen, ohne sich im Internet, die notwendigen Informationen einholen zu können oder die Erreichbarkeit oder deren übliche Arbeitszeit zu kennen.

Siehe hierzu Anlage 18, „Internationale Vorwahlen" und „Weltzeituhr"

1.4.2 Erkrankungen

Häufig werden Bauleiter auf Auslandsbaustellen mit Erkrankungen im Team konfrontiert, die in Deutschland nicht üblich sind. Deshalb soll ein kurzer Überblick die notwendigen vorbeugenden Maßnahmen und die bei dem Auftreten von Krankheitsbildern die sofortige Einschaltung medizinischer Einrichtungen erleichtern.

Die EHIC-Versichertenkarte der deutschen Krankenkassen erlaubt die Behandlung in Europa und einigen anderen Ländern. Vor der Ausreise sollte geprüft werden welche Behandlungen auf der Baustelle damit möglich, bzw. welche Versicherungen dafür geeignet bzw. auf der Baustelle notwendig sind.

1.4.2.1 Allgemeine Verhaltensempfehlungen

Nur „sicheres" Wasser trinken, d. h.

- Möglichst original verschlossene Flaschen bekannter Hersteller verwenden, Wasser aus Tanks chlorieren, wegen Algen mit Alaun versetzen.
- Wasser aus der Leitung sprudelnd (100 °C)aufkochen, daraus „Eisbomben" im Gefrierfach herstellen, aber beachten, dass damit keine Pestizide o. a. Gifte beseitigt werden.
- Wasser filtern, hilft bei Bakterien und Amöben, aber nicht bei Viren, immer bei trübem Wasser, dann zusätzlich chemisch gegen Viren desinfizieren
- Wasser chemisch desinfizieren, mit Silberionen konservieren, filtern um Einzeller und Wurmeier zu entfernen, Kaliumpermanganat ist gegen diese unwirksam.
- Wasser nicht aus offenen Brunnen nutzen, sie sollten mindestens 4 m tief und verschließbar sein. Auch unterwegs zum Geschirrspülen und Zähneputzen nur „sauberes" Trinkwasser benutzen.
- Möglichst viel Tee mit Zitronensaft, keine eiskalten Getränke zu sich nehmen.
- Wegen der hohen Schweißabsonderung ist die Trinkmenge so zu erhöhen, dass die Urinmenge hell und normal wird, d. h. > 700 ml/Tag, viel trinken, auch wenn man nicht durstig ist, isolierte Trinkflasche unterwegs nutzen.
- Da mit dem Schweiß viel Salz abgesondert wird, gilt es, zusätzlich Salz mit Wasser zuzuführen.
- Jede Ansteckung durch das Vermeiden von Essen oder Berühren verschmutzter Sachen verhindern. Kein Fleisch, Fisch, Schalentiere roh essen.
- Nur sichere Lebensmittel verwenden: kochen, schälen, desinfizieren, von Fliegen fernhalten, keine Rohkost (Blattsalate, Fleisch, Obst ohne Schale) essen, die mit Fäkalien

gedüngt sein können, keine Rohmilch trinken, Eis, Bier und Milch sind oft nicht sauber, bei Verdacht auf verdorbene Speisen sofort entsorgen

- Obst mit kochendem Wasser überbrühen, Amöben halten sich im Kühlschrank bis zu 4 Monaten.
- Möglichst oft die Hände mit Seife waschen, immer vor der Berührung des Essens und unterwegs „Einmal-Handtücher" verwenden.
- Keinen Kontakt mit Stuhlgang, Umweltwasser, Erdreich, Spinnen, Insekten, Haus- und Wildtieren, Schlangen, grundsätzlich von Giftigkeit oder Ansteckungsgefahr ausgehen.
- Nicht barfuß laufen, nirgendwohin setzen, legen, wohin man nicht vorher einen Blick geworfen hat (Schlangen, Giftspinnen, Skorpione, Würmer), nie in Flüssen, Seen oder Gewässern baden, die nicht als sicher gelten.
- Sonnenbrand und Insektenstiche vermeiden
- Tagsüber Kopfbedeckung mit Sonnenblende und Nackenschutz, Sonnenbrille tragen, Sonnenschutzmittel auftragen, erst dann Insektenschutz auf freie Körperstellen, nach dem Schwitzen nachbehandeln.
- Tragen imprägnierter Kleidung mit langen Ärmeln und langen Hosen, Schuhe, Kleidung, Bettzeug, Handtücher, Taschen, Beutel vor dem Nutzen kräftig ausschütteln.
- Insektenbrutstätten in der Umgebung beseitigen, ordentliche Beseitigung von Abfällen, Kot und Abwässern. Getrockneter Kot ist kaum noch nachweisbar, enthält aber die Krankheitserreger, kleinste Wasseransammlungen beseitigen.
- Dichtes Verfüllen von Spalten und Rissen in Fußböden, an Türen, Fenstern und Wänden, Verwendung von imprägnierten Moskitonetzen und Gaze bei Fenstern, und Klimaanlagen, Einsatz von Insektiziden und Repellents gegen eingedrungene Insekten und Nager.
- Insektennetze über Betten und einschlagen unter Bettdecke oder Matratze
- Häufiger geprüfter Wäschewechsel, persönliche Sauberkeit und Hygiene, saubere und trockene Haut, kurze Nägel, kleine Verletzungen sofort behandeln.
- Wohn-, Arbeits- und Nebenräume, besonders Küchen und Sanitärräume hygienisch sauber halten.
- Fieber oder andere Gesundheitsstörungen ernst nehmen und so früh wie möglich durch einen Arzt klären lassen.
- Beobachten der Teammitglieder und sich selbst bei emotionalen Belastungen und Empfindungen im Gespräch und zielgerichtete Anteilnahme und Entspannung.
- Vermeiden offenen Sex, Kondom nutzen.
- Für ausländisches Personal stets getrennte Einrichtungen, Bestecks u. ä.
- Verzicht auf rohes, geräuchertes oder nicht durchgebratenes Fleisch, Wurst, Fisch, weniger Fett, fettes Fleisch aber mit mehr Kochsalz würzen, um Salzverlust durch Schwitzen auszugleichen.
- Früh aufstehen, früh zu Bett gehen, 8 Stunden Nachtschlaf, 2 Stunden landesspezifisch Mittagsruhe in heißen Gegenden und Jahreszeiten.
- Während Reisen so viel Schlaf wie möglich nutzen wegen der Zeitverschiebung/„jet lag". Hierzu: www.auswaertiges-amt.de/DE/Länderinformationen/01-Länder/gesundheitsdienst/Übersicht_node.htm

Folgende Erkrankungen im Ausland sind besonders zu beachten und erste Anzeichen sofort mit dem Botschaftsarzt beraten und dann entweder in der Heimat oder durch die nächste medizinische Einrichtung behandeln lassen:

1.4.2.2 Amöbenbefall

Durch unsaubere Hände, Lebensmittel und über Trinkwasser werden Einzeller übertragen, die zu Darmgeschwüren führen, oft erkennbar an Durchfall, kaum Fieber.

Vorbeugung: Hygiene, insektensichere Aufbewahrung von Lebensmitteln, Gemüse in kochendes Wasser halten, abgewaschenes Obst trotzdem schälen, nur abgekochtes Wasser nutzen, auf fremde Eiswürfel verzichten. Kaliumpermanganat-Lösungen sind unwirksam. Stark gewürzte Speisen, Kaffee und kleine Mengen hoch konzentrierter Alkohol regen die Magensäureproduktion an, was zur Abtötung der Amöben führen kann.

1.4.2.3 Bilharziose (Schistosomiasis)

Larven (Schistosomen) dringen bei Süßwasserkontakt in die Haut. In der ersten akuten Phase führt es zu Katayama-Fieber, Muskelschmerzen, Mattigkeit über 2–10 Wochen. In der zweiten chronischen Phase zeigen sich blutiger Urin und andere Entzündungen je nach Unterart. Schistosomen leben 3–5 Jahre. Da keine Impfung hilft, nutzt man gegen das Katayama-Fieber das Cortison, später das Wurmmittel Praziquantel.

1.4.2.4 Burn out

Auf Auslandsbaustellen mit schlechten Umweltbedingungen, Stress, Mängeln, Mobbing und ggf. noch ungenügender Teamatmosphäre kann Mitarbeiter derart psychisch belasten, dass sie unter der Bürde drohen, zusammenzubrechen. Ein Bauleiter muss das erkennen, versuchen die Ursachen zu finden und ihn wieder aufrichten. Gelingt ihm das nicht, sollte der betroffene Mitarbeiter zur Behandlung oder zur Lösung ggf. vorhandener privater Konflikte, die ihn zu sehr belasten, in die Heimat reisen.

1.4.2.5 Cholera

Die Ansteckung mit dieser bakteriellen Darminfektion erfolgt über verunreinigte Lebensmittel, Trinkwasser oder Hände. Nach der Inkubationszeit von 3–6 Tagen kommt es zu Brechdurchfall und starken Bauchkrämpfen, wässrigen Stühlen, zu Flüssigkeit- und Salzverlusten und damit zu schweren Komplikationen. Eine Schluck-Impfung (Dukoral) über zwei Teilimpfungen schützt 1 Woche nach der zweiten Impfung bis zu 2 Jahren, kann zu vorüber gehenden Magen-Darmbeschwerden führen. Verbreitet in Südostasien, Indien, Zentralafrika, Mittel- und Südamerika.

1.4.2.6 Ciguatera

Diese Fischvergiftung durch Verzehr von Meeresfischen aus tropischen Gewässern entsteht besonders, wenn Fische die giftigen Geißeltierchen auf den Rotalgen während deren Blüte (red tide) fressen. Es gibt keinen zuverlässigen Labortest und kein Gegengift, es hilft nur der Verzicht in der Zeit der Algenblüte und die beschleunigte Ausscheidung.

1.4.2.7 Chikungunya

Diese Virusinfektion wird von tagaktiven „Gelbfieber"-Mücken übertragen. Infolge der Erderwärmung breitet sie sich von den tropischen und subtropischen Gebieten Asiens und Afrikas auch weiter nach Norden in die Karibik und Südeuropa aus. Brutplätze sind kleine Wasseransammlungen in Abfällen, Parks, Baustellen. Nach einer Inkubationszeit von 2–12 Tagen sind plötzliche Gelenkschmerzen, Fieber und Hautausschlag typisch. Bisher gibt es dafür keine Medikamente und keine Impfung. Sie heilt aber nach Monaten aus und hinterlässt eine lebenslange Immunität.

1.4.2.8 Dengue-Fieber

Diese häufige Viruskrankheit wird von den tagaktiven „Tiger"-Stech-Mücken übertragen.

Sie ist in Asien, Süd- und Lateinamerika, Afrika und inzwischen auch in Südeuropa weit verbreitet. Häufig sind Reisende aus diesen Ländern betroffen. Nach einer Inkubationszeit von 3–10 Tagen kommt es zu Fieber, Kopf-, Knochen- und Gliederschmerzen, Hautausschlag, Schwäche und Müdigkeit.

Eine gefährliche Form ist das Dengue Hämorrhagische Fieber (DHF) das zu einem Dengue Schock Sydrom (DSS) führen kann. Durch eine fehlgesteuerte Immunreaktion kann es zu sehr lebensgefährlichen Herzrasen, Störung der Blutgerinnung, fallendem Blutdruck und schlechter Durchblutung der Organe und des Gehirns kommen. Es gibt weder wirksame Medikamente noch Impfungen dagegen.

1.4.2.9 Durchfall (Diarrhoe)

Durchfall tritt besonders bei beginnenden Auslandseinsätzen häufig auf. Er kann durch Bakterien (Salmonellen), Viren, Pilze, Würmer, Allergien, Lebensmittelvergiftung oder unverträglichkeit, Klimaänderung und auch durch psychische Belastungen verursacht werden. Er wird durch ungewohnte Mikroorganismen, Ernährungsfehler, kalte Getränke begünstigt, was die Magensäure verdünnt. Er ist in der Regel harmlos, wenn kein Blut oder Schleim im Stuhl zu sehen ist und wenn Fieber, Erbrechen, Schmerzen und Kreislaufbeschwerden fehlen. Günstig ist die Schonung des Magen-Darm-Traktes durch eine fett- und zuckerarme aber salzreiche Diät mit ungesüßtem Tee, Toast, Zwieback, Mischbrot und Salz. Bei „harmlosen" Symptomen hilft eine Lösung zur „Oralen Rehydratation (ORS)" als Fertigpräparat (z. B. Elotrans) oder einer 1 l – Lösung mit 3,5 g Kochsalz, 20 g Zucker, 2.5 g Bikarbonat und 1,5 g Kaliumchlorid, die je ¼ l in einer Stunde zu trinken wäre.

Bei ernsten Beschwerden sollte ein Arzt die Ursachen und Behandlungen festlegen.

1.4.2.10 Ebola-Virus-Krankheit

Sie ist ein durch Viren erzeugtes Virales Hämorrhagisches Fieber (VHF), das nach 2–21 Tagen der Ansteckung zu Kopf-, Muskel- und Bauchschmerz, Hals- und Bindehaut-Entzündung, Blutergüssen der Haut und inneren Blutungen führt. Die Ansteckung erfolgt durch Körperflüssigkeits-Kontakte zwischen Menschen, Kontakt mit infiziertem Fleisch von Fledermäusen u. a. aber nicht durch Lebensmittel oder Mücken.

Gegen den Virus gibt es bisher keine Impfung und keine spezifische Therapie. Man sollte jedoch eine Malaria ausschließen lassen. Den Erkrankten hilft Pflege und Schutz.

1.4.2.11 Erfrierungen

Hauptaufgabe ist die Nutzung geeigneter Kleidung im „Zwiebelprinzip", um sie den verschiedenen Temperaturen und körperlichen Belastungen anpassen zu können. Besonders zu schützen sind Hände, Füße und Kopf.

1.4.2.12 Gelbfieber

Diese lebensgefährliche Virusinfektion wird durch die „Gelbfieber"-Mücke übertragen. Mindestens 10 Tage vor der Einreise in Gelbfiebergebiete Südamerikas und Afrikas sollte die Impfung erfolgt sein. Der Impfschutz ist dann ca. 10 Jahre wirksam und der Nachweis wird bei Einreisen und bei der Rückkehr aus den Gebieten gefordert. Eine Impfung sollte aber bei bekannter Allergie gegen Hühnereiweiß oder anderen schweren Erkrankungen des Nervensystems, der Leber oder des Immunsystems nicht vor einer ärztlichen Abschätzung der Risiken der Impfung erfolgen. Es ist besonders in tropischen Regionen Afrikas und Südamerikas verbreitet.

1.4.2.13 Hantavirus

Die Hantaviren verursachen typbedingt in Nord- und Südamerika, West-, Mittel- und Nordeuropa verschiedene Krankheitsbilder mit Fieber, Nieren- und Lungenbeteiligung. Die Ansteckung erfolgt durch bestimmte Mäuse und Ratten sowie der Kontakt mit deren im Staub aufgewirbelter und Urin und Kot. Zur Vorbeugung gibt es keine Impfung und auch keine spezifische Therapie.

1.4.2.14 Hepatitis A

Diese infektiöse Gelbsucht mit dem Virustyp A ist eine weit verbreitete Infektion der Leber, gut erkennbar am gelben Augapfel und der durch den Gallenfarbstoff bedingten hellen Haut. Dabei ist jedoch zu beachten, dass die Gelbfärbung auch andere Ursachen haben kann, was durch Labortests zu prüfen wäre. Erkrankte haben andauernde Kreislaufprobleme, Schwäche, Übelkeit, Durchfall. Die Inkubationszeit beträgt 2–8 Wochen. Die Viren werden über den Darm ausgeschieden und können durch Berührung oder infizierte Nahrung übertragen werden. Eine Impfung bringt sofort Schutz und ist nach 6–12 Monaten zu wiederholen. Es gibt auch eine Kombi-Impfung für Hepatitis A und B.

1.4.2.15 Hepatitis B

Diese Virusinfektion kommt weltweit vor und führt zu schweren Lebererkrankungen mit dem Langzeit-Risiko von Leberzirrhose und Leberkrebs. In der Praxis erfolgt die Ansteckung vor allem durch Spritzen, Kanülen, Bluttransfusionen, Sex und Tätowierungen.

Eine Impfung, oft als Kombination mit Hepatitis A ist ein guter Schutz, der in 2–3 Teilimpfungen erreicht wird.

1.4.2.16 Hepatitis C

Die Infektion mit dem Virus Typ C kommt ebenfalls weltweit vor. Seine Inkubationszeit beträgt 2–20 Wochen und wird wegen dem grippeähnlichen Krankheitsbild schwer erkannt. Die Ansteckung erfolgt über Blutkontakt oder sexuell. Ein Krankheitsbild zeigt sich manchmal erst nach langer Zeit mit Mattigkeit, Bauchbeschwerden, Gelenk-, Leber- und Nierenentzündungen. Bei einigen Erkrankten entsteht eine Leberzirrhose mit anschließendem Leberkarzinom. Es gibt dazu keine Impfung. Vorbeugung ist die Vermeidung von Blut-zu-Blut-Kontakten wie bei Sex ohne Kondom, Tätowierungen, Piersings, Rasiermessern, Nagelscheren und Zahnbürsten. Bevor die Erkrankung chronisch wird, kann eine Interferon-Therapie helfen.

1.4.2.17 Hepatitis E

Der Gelbsucht-Virus Typ E und die damit verbundene Infektion der Leber kommt sporadisch vor allem in Asien, Afrika, dem Nahen Osten und in Mexiko vor. Die Ansteckung erfolgt vor allem durch Trinkwasser und Lebensmittel, die mit menschlichen Fäkalien kontaminiert sind. Bei einer Inkubationszeit von 15–60 Tagen ist das Krankheitsbild durch Müdigkeit, Appetitlosigkeit, Übelkeit, Erbrechen, Juckreiz, Kopf-, Muskel- und Gelenkschmerzen charakterisiert. Der Urin wird dunkel, der Stuhl hell, Haut und Auge werden gelb. Nach 2–3 Wochen tritt in der Regel Besserung ein. Eine Impfung oder eine spezifische Therapie gibt es dazu noch nicht.

1.4.2.18 HIV

AIDS und die HIV-Infektion können nicht geheilt werden. Nach einer HIV-Ansteckung sind sofort lokale Maßnahmen an der Verletzungsstelle-Nadelstich, Blutkontakt, Sex, Hautverletzung, Biss, Transfusion- und ggf. eine medikamentöse Post-Expositions-Prophylaxe (PEP) einzuleiten. Spätestens nach 72 Stunden wären diese ggf. unwirksam. Wegen der verschiedenen Nebenwirkungen der Medikamente sollte vor dem Einnehmen ein Facharzt konsultiert werden und der Patient seine schriftliche Einwilligung dazu gegeben haben.

1.4.2.19 Höhenkrankheit

Man unterscheidet 3 Arten von Höhenkrankheiten,

- **die akute Bergkrankheit (AMS),** ausgelöst bei höhentaktischem Fehler bei der fehlenden Höhenanpassung wie Eile und Überanstrengung bei dem Aufstieg, Flüssigkeitsdefizit durch Schwitzen, Alkohol oder Infekte. Frühzeichen sind Kopfschmerz, Schwindel, Schwäche, Sehstörung, psychiatrische Störungen wie Überaktivität, Starrsinn o. ä. Hilfe bietet der Abstieg unter 2500 m, Nachruhe und langsame Anpassung vor einem Aufstieg um 300–500 m pro Tag, wenn Symptome verschwunden sind.

- **Höhenlungenödem (HAPE)** das bedeutet Wasser in der Lunge. Warnzeichen sind Atemnot, rapider Leistungsabfall, Benommenheit, Standunsicherheit. Nach einem Ruhetag, wenn Symptome verschwunden sind, Aufstieg bis 300 m andernfalls Abstieg stufenweise bis 500 m pro Tag
- **Höhenhirnödem (HACE)** das bedeutet Hirnschwellung durch Wasser in Lunge/ Gehirn. Alarmzeichen sind schwerer Husten mit braunem Auswurf, Bewegungsstörungen, Atemnot in Ruhe, Druck auf der Brust. Notwendig ist ein sofortiger stufenweiser Abstieg auf 500 bis 1000 m.

1.4.2.20 Japanische Enzephalitis
Diese Virusentzündung des Gehirns tritt vor allem in Ost-, Südost- und Südasien auf. Sie wird überwiegend von nachtaktiven Mücken übertragen, die ihre Brutstätten in Reisanbau- und Randgebieten von Großstädten haben. Die Krankheit kann in einigen Fällen zu schweren Hirnschäden führen. Es gibt aber wirksame Impfungen in den Schultermuskel und eine Auffrischung nach 12 Monaten.

1.4.2.21 Leptospirose
Diese Krankheit wird weltweit durch Bakterien, die von Nagetieren mit dem Urin ausgeschieden werden, übertragen. In der freien Natur werden so Menschen und Haustiere infiziert. Nach einer Inkubationszeit von 4–19 Tagen zeig sich eine der Formen

- grippeartig mit Fieber, Schüttelfrost, Kopf- und Gliederschmerzen
- Leber- und Nierenentzündungen, Blutungen, Herzmuskelentzündung
- Meningitis (Hirnhautentzündung), Meningoencephalitis (Gehirnentzündung)
- Blutungen in der Lunge mit Atemnot

1.4.2.22 Malaria
Durch Anophelesmücken, die bei Luft-Temperaturen über 16°bis 20°C und nassen Mückenbrutplätzen in subtropischen und tropischen Regionen gedeihen, werden Plasmodien auf den Menschen übertragen. Diese Einzeller dringen in rote Blutkörperchen und Leberzellen ein und vermehren sich dort stark, was durch Fieber angezeigt wird.

Allgemeine Symptome sind

- Fieber, Schüttelfrost, Kopfschmerzen, Abgeschlagenheit, Gliederbeschwerden
- Appetitverlust, Übelkeit, Erbrechen, Durchfall, Bauchbeschwerden, trockener Husten

Darüber hinaus sind Zeichen einer schweren Malaria

- Getrübtes Bewusstsein, Verwirrtheit, Bewusstlosigkeit, Kreislaufstörung, -kollaps

Gelbsucht, Atemstörung, -not, Hautblutungen, geringe oder keine Urinausscheidung. Die Inkubationszeiten sind sehr unterschiedlich:

* Nach einem Stich kann die Erkrankung frühestens nach 6–13 Tagen festgestellt werden
* Nach Rückreise kann die Malaria noch auftreten:
  - Malaria knowlesi (Südostasien) nach 24 Stunden
  - Malaria tropica (Afrika) nach 3 Monate
  - Malaria tertiana und quartana nach 1–5 Jahren

Bei dem Auftreten von Symptomen sollte umgehend ein Arzt aufgesucht werden. Ist das vor Ort nicht möglich, ist ein handelsüblicher Malaria-Schnelltest notwendig, der in jede Baustellenapotheke gehört.

Eine notfallmäßige Selbstbehandlung mit Medikamenten ist nach telefonischer Konsultation mit einem Arzt vorzunehmen. In der Apotheke sollte Riamet/Coartem oder Malarone/Malanil dabei vorhanden sein.

Zur Vorbeugung sind wichtig:

* Insektenabwehrmittel zum Auftragen auf der Haut
* geschlossene leichte, helle, imprägnierte Kleidung
* imprägnierte Moskitonetze vor Fenstern, Zuluftgeräten und voll über/unter Betten.
* Im Freien und in Räumen Biozidverdampfer und Räuchermittel (mosquito coils)
* Insektenvertilgungsmittel (Insektizide), Sprays

Unabhängig davon ist auf eine Malaria-Prophylaxe durch Medikamente vor der Einreise in das jeweilige Gebiet erforderlich (Chemoprophylaxe).Bei Langzeitaufenthalten, typisch für Bauleiter, sollte eine Dauerprophylaxe genutzt werden. Damit wird erreicht, dass im Blutspiegel ein ausreichendes Niveau zur Unterbrechung der Parasitenentwicklung vorhanden ist. Dabei ist zu beachten, dass die Parasiten in einigen Gebieten bereits resistent gegen die Mittel sind.

Für Beratungen siehe hierzu: www.dtg.org www.frm-web.de

1.4.2.23 Meningokokken-Meningitis

Das ist eine durch Bakterien verursachte Entzündung der Hirnhäute. Sie kommt in einem West-Ost-Gürtel in der Mitte Afrikas vor. Durch rechtzeitige Impfung kann man sich davor schützen. Die Impfung ist nach 3 Jahren aufzufrischen.

1.4.2.24 MERS Coronavirus

Das Virus tritt vor allem auf der arabischen Halbinsel und in vorübergehend betroffenen Gebieten auf. Die Ansteckung erfolgt durch Kontakt zu Dromedaren und Verzehr von deren infiziertem Fleisch sowie durch Tröpfcheninfektion von Mensch zu Mensch, besonders auf Märkten und in dortigen Verkehrsmitteln. Die grippeähnliche Erkrankung kann zu einer schweren Lungenentzündung führen. Vorbeugend sollte sehr auf nahe Kontakte mit Kranken, auf Farmen und Märkten verzichtet oder mit großer Vorsicht begegnet und besonders auf Hygiene geachtet werden.

1.4.2.25   Pest

Sie ist eine durch Bakterien verursachte Infektionskrankheit, die bei Nagetieren leben und von infizierten Flöhen als Zwischenwirt auf Menschen übertragen werden. Außerdem ist eine Übertragung durch infizierte Personen, Erde, Kot, Tierkadaver und Inhalation möglich. Die Krankheit tritt noch weltweit außer Europa und Australien auf.

Nach einer Inkubationszeit von 2–8 Tagen kann eine der 3 Formen entstehen

- **Beulenpest** (Bubonen-): Nach einem Flohbiss entzündet sich der betroffene Lymphknoten, infiziert danach über die Blutbahn andere Organe
- **Pestsepsis**: Erfolgt die Streuung der Erreger über Wunden oder Beulen kann es zu Lungenversagen und Abszessen in anderen Organen, Blutungen und Entzündungen der Hirnhaut führen.
- **Lungenpest**: Sie ist die bösartigste Form nach Mensch-zu-Mensch-Ansteckung oder Inhalation infektiöser Aerosole bzw. o. g. Streuung über die Blutbahn, erkennbar an Husten, Luftnot, blutigem Auswurf, was in ein tödliches Herz-Kreislaufversagen führt

Zur Vorbeugung kann eine Chemoprophylaxe und eine schlecht verträgliche Impfung gegen Beulenpest mit einer Wirksamkeit von 6 Monaten verwendet werden Die Behandlung ist mit der Antibiotikatherapie wirksam. Hauptverbreitungsgebiete sind Indien, Madagaskar und Südostasien.

1.4.2.26   Rift-Valley-Fieber

Tagaktive Mücken übertragen das Virus besonders zur Regenzeit in Afrika von Tieren auf den Menschen. Daneben kann eine Übertragung durch Blut und Flüssigkeit der Tiere als Aerosol oder direkten Kontakt bei dem Umgang mit Fleisch erfolge. Die Inkubation beträgt 3–7 Tage. Es treten Fieber, Kopf-, Rücken-, Muskelschmerzen, Brechreiz, ggf. Gesichtsrötung, Lichtscheue, Nackensteifigkeit und Erbrechen auf. In der Regel dauert die Erkrankung 4–7 Tage, es kann in wenigen Fällen aber zu schwerwiegenden und tödlichen Folgeerkrankungen kommen. Ein in Deutschland nicht zugelassener Impfstoff existiert in kleinen Mengen. Vorbeugend hilft strenge Nahrungshygiene, Raumschutz, Vermeiden des Kontakts mit den Tieren und Flächen

1.4.2.27   Schlangenbisse

Giftschlangen verbergen sich in Maschinen, Kabeltrommeln, offenen Behältern, besonders wenn die Nächte kalt sind. Bisse erkennt man an Blutungen und Lähmungen, wenn man die Stiche bei schwerer körperlicher Arbeit nicht gespürt hat.

Vorbeugung: An die Geräte mit Abstand klopfen. Sie greifen selten spontan an.

Nicht in Geräte greifen, nicht hintreten oder setzen, bevor man sich die Fläche und darunter angesehen hat.

Behandlung:

- Aussaugen der Bissstelle, wenn keine Verletzung des Mundraumes vorliegt
- Bissstelle mit Alkohol betupfen, reinigen, dann abwischen und abdecken

- Bein oder Arm herzwärts breit abbinden, nicht die Blutzirkulation abklemmen
- Beruhigen, um Kreislauf und Giftverteilung nicht zu aktivieren, ruhig stellen
- wenn möglich tote Schlange oder Schlangenkopf dem Arzt präsentieren

1.4.2.28 Skorpione und Giftspinnen

Diese Tiere sind nachtaktiv. Sie verstecken sich in Anlagen, Kleidung, Schuhen, Ritzen. Auf Flächen erkennt man die Löcher der Skorpione im Boden.

Vorbeugung: Nicht barfuß laufen, Kleider und Schuhe besonders morgens ausklopfen

1.4.2.29 Tollwut

Sie ist eine tödliche Viruserkrankung, die durch Bisse von Hunden, Füchsen u. a. Tieren übertragen wird. Dabei müssen infizierte Tiere nicht aggressiv sondern können auch lethargisch wirken. In den Wüsten im Nahen Osten sind häufig wilde Hunderudel unterwegs, die gefährlich werden können.

Grundsätzlich sollte eine gut verträgliche dreiteilige Impfung an den Tagen 0–7–21–28 zum Schutz erfolgen. Bei einer Bissverletzung reicht dann eine Auffrischimpfung.

1.4.2.30 Trachom

Diese über viele Jahre chronisch verlaufende Infektion der Augenbindehaut wird durch Schmierinfektion über direkten Kontakt über die Hände, Handtücher, Türklinken u. a. mit der Tränenflüssigkeit Erkrankter übertragen. Bei dem späteren Auftreten der Krankheit ist der behandelnde Augenarzt auf den Aufenthalt im Ausland hinzuweisen.

1.4.2.31 Typhus

Das ist eine durch Salmonellen verursachte bakterielle Infektionskrankheit in Afrika, Asien, Süd- und Mittelamerika. Die Inkubationszeit beträgt 6–30 Tage. Symptome sind Fieber, Kopfschmerz, Übelkeit, Mattigkeit, Appetitlosigkeit und Ausschläge und in den inneren Organen bilden sich Abszesse.

Eine Impfung schützt 2–3 Jahre und erfolgt als Schluckimpfung oder Injektion. Trotzdem ist auf Hygiene, Händewaschen, Meiden kalter Speisen und unsicherem Trinkwasser zu achten.

1.4.2.32 Vogelgrippe (aviäre Influenza)

Influenzaviren sind Erreger der jährlichen Grippewelle. Sie werden in Typen A,B,C und 16 H und 9 N-Subtypen klassifiziert. Einzelne A-Typen traten bei Vögeln häufig auf und konnten Menschen bei dem Umgang mit infizierten Vögeln oder durch Einatmen von virushaltigen Staubteilchen infiziert werden. Zur Vorbeugung sollte auf den Besuch von Geflügelmärkten verzichtet, Geflügelfleisch und Eier immer ganz gegart werden und die Hände nach der Zubereitung von Geflügel stets gründlich gewaschen werden. Bei der vergleichbaren Schweinegrippe, die von verschiedenen Tieren in der Welt verbreitet wird, ist auf die Vermeidung möglicher Tropfen- oder Schmierinfektionen zu achten.

1.4.2.33 Wurmerkrankungen

Die Reaktionen der verschiedenen Wurminfektionen sind sehr unterschiedlich:

Bandwurm: Die Übertragung erfolgt über Finnen im Rind- oder Schweinefleisch und bei dem Fuchsbandwurm durch Rotfuchskot verunreinigte Beeren, Pilze, Berührungen. Die Folgen sind Kopf- und Bauchschmerzen, krebsähnliche Wucherungen. Vorbeugend ist das Erhitzen oder Einfrieren des Fleisches und Hygiene. Behandlungen erfolgen mit Wurmmitteln und ggf. Chemotherapie. Größe: plattig, 3 mm bis 10 m

Filarien: Sie sind vor allem in Amerika, Asien und Afrika verbreitet. Die Übertragung erfolgt durch Mücken und Bremsen. Folgen sind entzündete Lympfbahnen, geschwollene Körperstellen, Nierenschäden. Behandlung erfolgt durch Wurmmittel und Operationen. Größe: fadenartig, 70–100 mm.

Hakenwurm: Die Übertragung erfolgt durch Hautkontakt mit Fäkalien auf dem Boden, wandert in die Lunge, wird ausgehustet, verschluckt und entwickelt sich im Darm. Das führt zu Blutverlust, Bauchschmerzen und Apathie. Gegenmittel sind Wurmmittel. Größe: fadenartig 8–13 mm.

Medinawurm: Eier gelangen über Trinkwasser vor allem in Afrika, Indien und Pakistan in den Körper, wandern in Extremitäten, erzeugen Schmerzen im Bindegewebe, Geschwüre und Gelenkentzündungen. Größe: dünne Fäden bis über 1 m

Pärchenegel: Larven gelangen in Gewässern Südamerikas, Afrikas und Asiens über die Haut und das Trinkwasser in die inneren Organe. Das Ergebnis sind Bilharziose, Ödeme, Husten, Fieber, Blasenentzündung, Krebs und Leberzirrhose. Gegenmittel sind nur Wurmmittel.

Spulwurm: Larven, die über durch Kot verunreinigte Nahrung aufgenommen werden, bohren sich nach dem Schlüpfen durch die Darmwand und gelangen über Venen in Organe und Bronchialwege. Von dort werden sie ausgehustet, verschluckt und werden im Dünndarm zum fertigen Wurm. Die Folgen sind vor allem Lungenentzündung, Husten, Fieber, Darmverschluss, Apathie, Blutverlust. Gegenmittel sind ständige Hygiene und Wurmmittel. Größe:15–40 mm.

Hierzu Anlage12 Muster „Baustellenapotheke"

1.4.3 Infrastruktur

1.4.3.1 Allgemein

Für die Vorbereitung ist es wesentlich, sich darüber zu informieren, welche Ressourcen vor Ort genutzt werden können. Dazu gehören:

- technologische und kapazitive Kooperationsmöglichkeiten, Unternehmen
- Versorgungsnetz für Roh-, Bau-, Hilfs- und Nebenstoffe, Werkzeuge, Ausrüstungen,
- Service-Dienstleistungen wie Handwerksbetriebe einschlägiger Art, Taxiunternehmen
- verkehrs- und versorgungsbezogene Erschließung des Gebietes
- Miete/Erwerb von Wohnungen, Unterkünften, Containern

- Einwohner-Lebensverhältnisse, Kriminalitätsgrad, Sicherheit
- Versorgung mit Lebensmitteln und Haushaltsgütern in der Umgebung
- Kommunikationsnetz, Funkerlaubnisse, Netzstabilität
- Freizeitangebote, landeskulturelle Fragen, Trends
- Polizei- und Sicherheitsbehörden in der Nähe

1.4.3.2 Materialangebot

Im Vordergrund stehen Lieferbarkeit, Qualität, Preise und Mengen:

- Treib- und Schmierstoffe
- Zement, Kies, Schotter
- Trink- und Brauchwasser
- Waren für den täglichen Bedarf
- Handelsketten, Verkaufseinrichtungen

1.4.3.3 Gesundheitseinrichtungen

- Arztstationen, Entfernung, Fachgebiete
- Krankenhaus, Kliniken
- Apotheken, Drogerien

1.4.3.4 Logistik

Im Vordergrund stehen folgende allgemeine Fragen zur Logistik:

- Welche Vereinbarungen sind im Vertrag getroffen worden, Ein- und Ausfuhrbedingungen, Zoll-Ein- und Ausfuhr -Bedingungen, Aufwand, Kosten,
- Welche Verkehrsanbindung der Baustelle per Straße, Bahn, Wasserstraße, Flugplatz einschließlich möglicher Begrenzungen durch Brückenbelastbarkeit, Durchfahrtshöhe, Wassertiefe, Länge der Landebahn u. ä. besteht (lt. Vertrag)
- Welche Logistik ist notwendig, welche eigene Logistik wird bereitgestellt, besonders wichtig sind Spezialfahrzeuge, Autokrane, Tankwagen, Werkstattwagen
- Frachtbedingungen, Zuverlässigkeit, Verhalten bei Verlusten, Preise

Die Prüfung der ausländischen Logistik erfasst:

- Anlieferungsweg für Schwerlasten, Kranstandorte, Kranbegrenzungen
- Ungehinderte Zufahrt, Entladung und Rückfahrt
- Erreichbarkeit der Baustelle für die Arbeitskräfte per Bahn, PKW, Bus
- Voraussetzungen für den Aufbau der Baustelleneinrichtung
- Nutzungsmöglichkeiten der Bahn, der Autobahn und der Wasserwege
- Verkehrssituation bei ungewöhnlichem Wetter oder Überschwemmungen
- Angebote örtlicher Speditionen und Vermieter, insbesondere für Schwerlasten
- vorhandene/geplante Transportmittel, Transportmengen, Zeitbegrenzungen

Für die verschiedenen Lieferungen beweglicher Ware können durch Verwendung der **Incoterms** international übliche Bedingungen und Regeln für die technisch-organisatorische Durchführung von Transporten vereinbart werden. Die Regeln werden von der Internationalen Handelskammer Paris (ICC) aktualisiert und definieren den Übergang der Kosten und Transportgefahren vom Verkäufer auf den Käufer. Sie enthalten:

Für alle Transportarten Start- und Zielort:

• EXW	Ab Werk	Benannter Abholort
• FCA	Frei Frachtführer	benannter Übergabeort der Frachtdokumente
• CPT	Frachtfrei	benannter Bestimmungsort
• CIP	Frachtfrei, versichert	benannter Bestimmungsort
• DAT	Geliefert	benanntes Terminal im Bestimmungshafen
• DAP	Geliefert	benannter Bestimmungsort
• DDP	Geliefert, verzollt	benannter Bestimmungsort

Für den Schiffstransport

• FAS	Frei Längsseits Schiff	benannter Verschiffungshafen
• FOB	Frei an Bord	benannter Verschiffungshafen
• CFR	Kosten und Fracht	benannter Bestimmungsort
• CIF	Kosten, Versicherung, Fracht	benannter Bestimmungsort

Sie ersetzen damit aber weder Kauf-, Versicherungs-, Finanzierungs- oder Transportverträge. Siehe hierzu Anlage 14 „Incoterms"

Bei der Nutzung von Dienstwagen im Ausland ist auf die Erteilung einer notwendigen landestypischen Fahrerlaubnis und auf Eigenarten der Vorfahrtsregelung und der Fahrweise zu achten:

Oft existieren ungeschriebene Vorfahrtsregeln, z. B.

- Armeefahrzeuge, Eselskarren, Busse, Radfahrer, Frauen haben immer Vorfahrt.
- An Kreuzungen und Kreiseln ist das Queren von links nach rechts und umgekehrt zum Zweck des Abbiegens auch ohne Anzeige („arabische Schere") üblich.
- Wer mit der „Nase" vorn ist, hat Vorrang, groß vor klein, rechts vor links.
- Handzeichen gelten als Richtungsanzeiger, bei Ampeln gilt trotzdem die Polizeiregelung.
- Auf- und Abspringen, Überqueren der Straße bei Bussen sind Gefahrenquellen
- In engen Stadtvierteln ohne Vorfahrtsregelung hat Vorrang, wer zuerst gehupt hat
- Außerhalb geschlossener Ortschaften wird rechts und links überholt
- Auf Fernstraßen können Öllaster o. a. LKW ein Überholen verhindern oder fremde PKW abdrängen.

Für die verschiedenen Transportunternehmen gilt es Folgendes zu beachten:

1.4.3.5 LKW

Für LKW-Transporte in das und im Ausland sind speziell geeignete Speditionen zu wählen, deren Fahrer die Landessprache verstehen und deren Fahrzeuge die Kriterien der Landesbehörden, besonders hinsichtlich der Sicherheit erfüllen.

Zu kontrollieren sind u. a.:

- Ist die Belastbarkeit der LKW mit Flächen- und Punktlasten ausreichend?
- Reichen die zulässigen Achslasten für die Nutzung von begrenzt belastbaren Brücken und Flächen?
- Welche Gesamt-Höhen, -Breiten und -Längen der Fahrzeuge liegen vor, um Brücken-, Tunnel-Durchfahrten, Kurven und andere Stellen befahren zu können?
- Werden Tieflader für den Transport von Baumaschinen benötigt?
- Reichen Reifen-Profil und Reifeneignung für die Lasten und die Temperatur aus?
- Besteht eine Landesvertretung der Spedition und welche Referenzen des Transportunternehmens liegen im Ausland vor?
- Sind die Abwicklung nach Incoterms und die Ausfertigung der dazu notwendigen zahlungauslösenden Dokumente vereinbart?

Zu empfehlen sind die „Allgemeinen Deutschen Spediteurbedingungen (ADSp)" des Deutschen Speditions- und Logistikverbandes e.V.(DSLV). Außerdem sind bei der Einsatzvorbereitung die folgenden Bundesverbände für Informationen und Kontakte nutzbar:

- Güterkraftverkehr Logistik und Entsorgung e.V.(BGL)
- Internationaler Express- und Kurierdienste e.V.(BIEK)
- Materialwirtschaft, Einkauf, und Logistik e.V.(BME)
- der Kurier-Express-Post-Dienste e.V. (BdKEP) sowie
- die Bundesvereinigung Logistik e.V.(BVL)
- Hierzu Anlage 15 „Internationale Kfz-Kennzeichen"

In den Ländern liegt eine jeweils typische Struktur an Transportangeboten vor. An typischen Sammelstellen lassen sich Nachfragen leichter vornehmen als in der Stadt.

1.4.3.6 Bahn

Während ein Bahntransport in Europa kaum auf besondere Schwierigkeiten stößt, die einen Bauleiter besonders belasten könnten, ist es im Ausland oft eine sehr aufwendige Arbeit bei der Kontrolle der Be- und Entladung, der Gewährleistung der Sicherheit und des zeitlichen Ablaufes. Besonders bei Transporten durch Drittländer ist bei hochwertigen Lieferungen eine Begleitung meist unerlässlich, um Totalverluste abzuwenden. Man unterscheidet:

- Logistik-Zug für kundenspezifischen Transport
- Inter-Cargo-Zug für schnellen (Nacht-)Transport zwischen Wirtschaftszentren
- Eurail-Cargo-Zug für schnellen Transport zwischen europäischen Wirtschaftszentren

Die allgemeinen Leistungsbedingungen der Deutschen Bahn AG, DB Cargo sind zu beachten. Das Schienennetz reicht vom Polarkreis bis zur Türkei (ggf. bis Baghdad), von Portugal bis Russland und bietet für alle Güter entsprechende Lösungen. Dabei unterscheiden sich die Wagen nach der Zahl der Radsätze, nach starren und gelenkigen (mit Drehgestell-Radsätzen) Wagen, offenen, gedeckten, Flach-, Sonder- und Schüttwagen, mit Planenverdeck oder Teleskophauben. Beispiele sind:

- Güterwagen, die mit Gabelstaplern für Box- und Flachpaletten befahrbar sind
- Container-Wagen für einen rationellen Umschlag von und auf LKW
- Tiefladewagen, z. B. für Großtransformatoren und Raupen-Bagger
- Güterwagen, deren Dach für Kranentladungen geöffnet werden kann
- Spezialwagen für andere Zwecke

Hat ein Bauleiter die Ankunft bzw. den Verbleib von Bahnlieferungen zu prüfen, helfen ihm die Güterwagen-Kennzeichen.

Siehe hierzu Anlage 15 „Internationale Güterwagen-Kennzeichen"

1.4.3.7 Schiff

Für Schifftransporte werden vorwiegend seetüchtige Container eingesetzt, weil diese die Lieferungen vor Meerwasser, Beschädigungen und Verlusten weitgehend schützen.

Sind die Anlagen nicht in Containern transportierbar, sind eine seetüchtige Verpackung und eine sichere Befestigung an Bord unerlässlich und unbedingt zu kontrollieren. Der Transport zum und vom jeweiligen Hafen bedarf einer straffen Kontrolle. Zu beachten ist, dass Schwerlasten wie Großtransformatoren, Maschinen und Anlagen oft Spezialschiffe und Spezial-Be- und Entlade-Vorrichtungen erfordern. Bei Anwendung der Incoterms ist die Abwicklung einschließlich der Kontrolle der Lieferdokumente vereinfacht und eindeutig.

Siehe hierzu Anlage 14 „Incoterms"

1.4.3.8 Flugzeug

Das Flugzeug kommt vor allem für die schnelle Anlieferung von Ersatzteilen und von Lebensmitteln in das Land und eine ggf. schnelle Ein- und Ausreise in Betracht.

Ist das Unternehmen ein „Bekannter Versender" und verfügt es über dafür geschultes Personal, vereinfacht sich die Abfertigung. Für das Ausland sind völlig andere Bedingungen bei der Abfertigung am Flughafen zu erwarten. Informationen sind zusätzlich vom Luftfahrtbundesamt erhältlich. Auch hier sind die Ein- und Ausfuhrbestimmungen sowie die zugelassenen Gewichte und Inhalte der begleitenden Gepäckstücke vorher zu ermitteln und zu beachten.

1.4.4 Unterkünfte

Bauleiter sind entweder in der Nähe der Baustelle oder im Umfeld des Bauherrn untergebracht, während das Team meistens Unterkünfte in der Nähe der Baustelle erhält.

Häufig werden Container dafür eingesetzt. In feucht-warmem Klima sollten leichte Bauten, in trocken-heißem Klima Bauten mit dicken, isolierenden, wärme (Nachtkälte) speichernden Wänden eingesetzt werden. Stets sind dann elektrisch betriebene Klima-anlagen notwendig.

In einer vorbereitenden Kontrolle sollte auf folgendes geachtet werden:

- Dichtheit des Gebäudes, Gaze-Fenster, Moskitonetze, keine Tapeten, Fenster-Netze
- gestelzte Montage bzw. Sockel zur Abwendung von Schädlingen
- Einbauschränke statt aufgestellte Möbel mit fehlender Sicht auf die Rückseite
- Metallbettgestelle, unbenutzte Matratzen, eigene Bettwäsche
- Stromanschluss und selektive Sicherung in der Wohnung
- geschlossene Be- und Entwässerung
- Dusche und WC, bzw. geschlossene arabische Sitztoilette
- Möglichkeit der Kühlung von Lebensmitteln
- Kücheneinrichtung und Möglichkeit der Wäschereinigung/Kochstufe
- Klimaanlage mit Vorsicht zu nutzen wegen Erkältungsgefahr bei fehlender Regelbarkeit
- Lüftungsmöglichkeit, möglichst quer belüftbar, leise Langsamläufer wählen
- Sicherheitseinrichtung, Einzäunung, Bewegungsmelder, Signalgeber
- Kapazität

Außerdem sollte die Anmietung fester Gebäude oder Hotelunterkünfte bei den Vertrags-Verhandlungen Gegenstand werden.

1.4.5 Versorgung

Vor dem Einsatz sind im Rahmen der Verhandlungen der Bedarf und auch die Versorgung der Baustelle mit folgenden Punkten zu klären:

- Lebensmittel, Trinkwasser
- Treibstoff, Maschinenöl, Schweißmaterial, Hilfsmaterial
- Post- und Paketdienst, zu nutzende Kommunikation
- Reinigungsmittel, Hygieneartikel
- ärztliche Versorgung, Medizin und Unfallbehandlung

Die Prüfung der Versorgung vor Ort erfasst:

- Lage und Anschlusspunkte der Versorgungstrassen, notwendige Umverlegung
- Elektroenergieversorgung in erforderlicher Spannung, Frequenz und Leistung, Entfernung, Erd- oder Freileitungen, Spannungs-Stabilität, Preiskonditionen, Straßenbeleuchtung
- Wärme- und Gasversorgung, Kühlbedarf, Frei- oder Erdleitungen
- Trink- und Gebrauchswasserversorgung, Qualität, Druck, Abgabemenge, Leitungen, Eigenversorgung durch Brunnen, Tanks und Reinigung

- Feuerwehrforderungen, Brandschutz, Löscheinrichtungen
- Vorhandene Kommunikations-Möglichkeiten, Telefon, Fax, Internet/DSL, Fernmeldeleitungen, Anschlussbedingungen, Mobilfunknetze
- Medizinische Versorgung, u. a. bei Unfällen, Notarzt, Krankenhaus
- Versorgung mit Nahrungsmitteln, Baumaterial, Gasen, Treibstoffen, Hilfsstoffen
- Baustellen- Unterkünfte, sonstige Dienstleistungen
- Sonstiger Bestand an zu beachtenden Leitungen (u. a. Erdöl, Erdgas, Wasser)
- Nutzungsmöglichkeiten erneuerbarer Energien

– Wind	– Fotovoltaik	– Solarwärme/-kälte
– Wärmepumpe	– Brennstoffzelle	– Kombinationen

Diese Fragen sollten vom zukünftigen Bauleiter vor Ort vor Unterzeichnung des Vertrages sorgfältig geprüft werden, weil die notwendig werdende eigene Realisierung unerwartete hohe Mehrkosten verursachen kann.

Für die persönliche Versorgung hat sich für besondere Anlässe die Mitnahme tiefgefrorener Fleischwaren, Wurst und auch Schwarzbrot bewährt, was es in einigen Ländern nicht oder nicht in ausreichender Hygiene zu kaufen gibt.

1.4.6 Gelände

Die zukünftigen Arbeiten werden durch folgende Geländebedingungen beeinflusst:

- Ebene Flächen erlauben eine einfache Organisation und Lagerung
- Bei hügeligem Gelände ist eine konzentrierte Baustelleneinrichtung kaum möglich. Dann sind eine größere Fläche und Erdarbeiten notwendig, um die Aufstellung von Containern, Lagergebäuden, Tanks und Baumaschinen zu ermöglichen.
- Hat eine Bodenuntersuchung eine geringe Belastbarkeit des Baugrundes ergeben, sind für Transporte und die Lagerung schwerer Bauteile umfangreiche Befestigungen der Flächen mit teilweise notwendigem Bodenaustausch notwendig
- Befindet sich ein Fluss in der Nähe oder ist eine andere Form einer Überschwemmung der Fläche zu befürchten, dann sind eine sorgfältige Prüfung einer Ausweichlösung anzuraten oder entsprechende Vorkehrungen zu treffen.
- Sind Sanddünen in der Nähe festgestellt worden, sind Bewegungsrichtung, Befestigung, Errichtung von Wänden oder Wechsel der Fläche zu prüfen
- Liegt kein Bodengutachten vor, sind vor Vertragsabschluss eigene Prüfungen notwendig, um später nicht vereinbarte notwendige Zusatzleistungen zur Abwendung einer Dekontamination oder zusätzlicher Fundamentstabilisierung oder eines Grundbruches zu verhindern.
- Vom Bauherrn ist vorher zu bestätigen, dass die Fläche frei von Munition, unterirdischen Kanälen, Leitungen, Kabeln, archäologischen Funden und Kontamination ist. Werden diese bei den Bauarbeiten gefunden, sind Verzögerungen nicht abzuwenden.

Soll ein Baugrundgutachten angefertigt werden, sollte es enthalten:

- Amtliche aktuelle und historische Lagepläne, Vorhaben-Übersichtsplan
- Geologische Übersichtskarte des Territoriums, Nutzung in der Vergangenheit (Kriegsfolgen, Minengefahr, Ölverschmutzung, historische Bauten, Deponien u. ä.)
- Übersicht der Prüfpunkte und -Verfahren, Lage der Prüfpunkte, Methode der Bodenprobe
- Boden-Prüfergebnisse:
- Schichtenprofile, Kornanalysen; Lehm, Ton, Fliesssand
  - Bodenmechanische Eigenschaften: Kennwerte, Boden-Klassen, Boden-Arten, Klassifizierung, Proctor – Dichte, Grundbruch-Gefahr,
  - Kontamination, Fremdkörper, Munition, Altlasten aus Krieg oder Spezialnutzung durch chemische Lager, Kraftstofftanks o. ä.
  - Grund- und Schichtenwasser-Eigenschaften und – Verhältnisse, Wasserhaltung
- Je nach Ergebnis der Bodenuntersuchung ergeben sich gründungstechnische Folgerungen :
- Werte, Verfahren, Alternativen, Bodenverbesserung durch Verdichtung, Pfahlart und statischer Bemessung
- Folgerungen für den Baukörper, höhere Betongüte, Schutz der Nachbarbebauung
- Verwendung des Aushubs, Sonstige Schlussfolgerungen, Hinweise, Empfehlungen
- Notwendig ist ein eindeutiges Gutachten ohne Haftungsausschluss und der Einsatz anerkannter Prüfstellen und Labors sowie Prüfstatiker
- Bestehen Gefahren für Nachbargebäude, wenn Kellersohle tiefer als Oberkante Nachbar-Keller- Fundament ist, sind besondere Schutzmaßnahmen notwendig
- Folgen für Grundwasser durch verschmutztes Oberwasser
- Tragfähigkeit (Verdichtbarkeit)
- Setzungsverhalten (Gefüge)
- Frostbeständigkeit (Wassergehalt)

Genauer untersucht werden sollte bei wichtigen Vorhaben:

1.4.6.1 Kontamination

Besteht die Befürchtung, dass sich im Boden giftige Stoffe befinden, die sich bei einer entsprechenden vorherigen Nutzung nicht ausschließen lassen, wird eine Untersuchung im Erdstofflabor notwendig, um negative Folgewirkungen vielfältiger Art zu verhindern. In diesem Fall wird eine Deklarierung bzw. Einstufung der Erdstoffe notwendig. Für die Aufnahme, den Transport, die Entsorgung und Deponierung sind auch im Ausland nur wenige, territorial bestimmte Firmen geeignet und dafür zugelassen. Notwendig sind die Beantragung des Transportes und der lückenlose Nachweis der Entsorgung mit Hilfe der auszufertigenden und zu bestätigenden Dokumente bis zur zugelassenen Deponie. Ohne den Nachweis sollte kein überwachungspflichtiger Abfall oder Erdstoff entsorgt werden.

1.4.6.2   Profil

Bei der Bewertung des vorhandenen Profiles stellen sich folgende Fragen:

- Liegen für die Standfestigkeit des Bodens und der Nachbarbauwerke ausreichende Angaben vor oder wird ein Gutachten erforderlich?
- Sind die Gründungsebenen der Nachbarbauwerke zu beachten? Wird die Baugrubensohle tiefer als die Oberkante der Kellersohle des Nachbarn?
- Werden die Angaben des Baugrundgutachtens bei dem Aushub bestätigt oder werden eigene Setzungs- oder Grundbruchberechnungen notwendig?

1.4.6.3   Wasser

- Entspricht der angetroffene Grundwasserstand dem Baugrundgutachten? Sind für den Fall einer Grundwasserhaltung Absetzbecken notwendig?
- Besteht die Gefahr einer Kontamination oder einer aggressive Wirkung des Grund- oder Schichtenwassers auf Beton und andere Baustoffe?

1.4.6.4   Ablauf-Kontrolle

- Wurde der vorgefundene geologische Zustand vor Baubeginn dokumentiert?
- Wurde ein ausreichender Zeitraum für die Vorbereitung einer ggf. notwendigen Bodenverbesserung vorgesehen ?
- Wurden rechtzeitig geeignete Baumaschinen für den Erdbau bereitgestellt?

1.4.6.5   Verbau

- Wird der Verbau nicht durch Erschütterungen durch Straßenverkehr oder Baugeräte beschädigt?
- Werden die für die Bodenart zulässigen Böschungsneigungen eingehalten?
- Wird gewährleistet, dass die Baugrubensohle vor dem Verbau nicht gestört ist?

1.4.6.6   Bodenart

- War die Zahl der Probebohrungen ausreichend für die Zustandsbeschreibung?
- Wurden die Eigenschaften des bindigen Bodens gemessen und welche Forderungen an den Erdbau leiten sich daraus ab?

1.4.6.7   Bodenverbesserung

Ergibt das Baugrundgutachten, dass der Untergrund für die Bauwerke nicht die genügende Festigkeit besitzen, sind Maßnahmen zur Verbesserung des Bodens notwendig. Der Bauleiter sollte vorher eigene Proben entnehmen, wenn er an den Angaben des ausländischen Gutachters Zweifel hegt und seine Bedenken schriftlich äußern, um jede Haftung auszuschließen.

Zu beachten sind besonders folgende Böden aus Torf, Schluff, Feinsand, Mergel, Schutt, Schlacke und Aufschüttungen..

Mögliche Maßnahmen können sein:

- Bodenverbesserungstechniken wie Rüttelverdichtungen
- Stampf- und Ramm-Pfahlsysteme
- Bodenaustausch
- Drainagen

Alle o. g. Nachweise sind für die Standfestigkeit von Gebäuden, die Beweissicherung bei sich ergebenden Mängeln und zu Abnahmen besonders im Ausland dringend nötig.

1.4.7 Kultur

Ein Bauleiter sollte sich um eine interkulturelle Handlungskompetenz bemühen, die dadurch charakterisiert ist, dass er

- erkennt, dass das Verständnis des eigenen und des fremden kulturell bedingten Verhaltens, Empfindens und Bewertens eine Voraussetzung für ein erfolgreiches Arbeiten im Ausland ist.
- bereit ist, sich ausreichende Kenntnisse der eigenen im Vergleich zur fremden Kultur anzueignen und sein Handeln danach gegenüber den fremden Personen sowie bei der Bewertung deren Reaktionen bei der Arbeit berücksichtigt bzw. wertet und nutzt.
- bei der Kommunikation das abweichende Hintergrundwissen, die unterschiedliche Denk-, Erfahrungs- und Erwartungshaltung, die andere Biografie und die soziale Situation berücksichtigt.
- verstärkt auf die nonverbale Kommunikation und erst dann auf das gesprochene Wort achtet, dabei berücksichtigt, dass in vielen Kulturen stets positive soziale Rückäußerungen Standard, Wut oder Ärger Tabu sind.
- besonders im asiatischen Raum das Lächeln und die Verständnisbestätigung nicht zu ernst nimmt, weil es sich dort nicht gehört, einer höher gestellten Person zu widersprechen oder diese zu ärgern, schließlich hat dort jeder seinen vorbestimmten Platz, was auch bei der Sitzordnung bei Veranstaltungen zu beachten ist.
- im Gegensatz zu der deutschen Trennung von Arbeits- und Privatleben in einigen Kulturen auf die persönlichen Kontakte Wert legt und diese pflegt, da es ansonsten passieren kann, dass er seine Aufgabe als Bauleiter nicht erfüllen kann und isoliert wird.
- eine Vertrauensbasis aufbaut, den Nationalstolz oder die ggf. vorhandene Abneigung gegenüber Deutschen als Kriegsfolge erkennt und beachtet und die daraus resultierenden Weigerungshaltungen nicht persönlich nimmt.

Das Umfeld wird maßgeblich von der allgemeinen Kultur des Umgangs zwischen den Beteiligten bestimmt. Dazu gehören:

- gesellschaftliche und politische Strukturen, die historisch gewachsen sind und das gesellschaftliche Leben bestimmen
- Verhandlungskulturen der beteiligten Landes-Behörden einschließlich Korruption, nationalistische Tendenzen, ablehnende Haltungen gegenüber ausgewählten Personen und überzogene Forderungen
- religiös beeinflusste Verhaltensweisen gegenüber Christen, Atheisten oder gegenüber anderen Religionen, gegenüber Frauen und sozialen Schichten, Nationen mit religiös abgeleiteten Anforderungen an die Gewährleistung der Sicherheit für Personen und Sachen
- soziale Verhältnisse der Bewohner des Baubereiches, historisch gewachsene Strukturen, Kasten, Stammeseigenarten
- sich ändernde Kommunikationsbedingungen. In der Gegenwart sind die Völker infolge der vielfältigen Verkehrsmittel, offener Grenzen und des Internets mit den Programmen facebook, twitter u. a. sehr eng verbunden, ein Kontakt zwischen Menschen unterschiedlicher Kulturen und Religionen erleichtert. Dabei sollte beachtet werden, dass sich dadurch auch die Umgangsformen ändern können.
- Angebote kultureller Einrichtungen für Musik, Schauspiel u. ä.
- Einrichtungen für Wissenschaften, Forschungen und Lehren

Die Erfahrungen zeigen, dass Personen, die das erste Mal im Ausland arbeiten, einen typischen **„Kulturschock"** erleben können, der sich in 4 Etappen zeigt

1. Man ist neugierig, erstaunt und stellt laufend neue Dinge fest. Negative Tatsachen werden durch Neuigkeiten und Euphorie überdeckt. Die Dauer beträgt durchschnittlich 3 bis 4 Wochen, wenn nicht vorher bereits außergewöhnliche Erlebnisse schockieren.
2. Man versteht plötzlich die Welt nicht mehr, alles stört, Schmutz, Verhalten, religiöse und kulturelle Gewohnheiten erscheinen ungewöhnlich, unvollkommen, ärgerlich. Man fühlt sich einsam, unverstanden, unsicher, gefährdet und fremd. Zweifel über das Erreichen seiner Ziele kommen auf. Es kostet sehr viel Kraft, Verständnis und Mut, um seinen Job gut zu machen. Hier hilft das Verständnis für die andere Kultur, Selbstwertgefühl und Konzentration auf die Arbeit.

   Besonders die Gegensätze von Luxus und Wasservergeudung gegenüber enormer, kaum ertragbarer Armut in reichen Ländern sind schwer zu ertragen.
3. Der Übergang zur Anpassungsphase ist gleitend. Sie beginnt damit, dass man hinter den Feststellungen die Hintergründe, die historisch bedingten Entwicklungen versteht, erste Freunde der neuen Kultur findet und mit ihnen auf angepasste Art erfolgreich zu arbeiten beginnt. Ohne auf sein Selbstwertgefühl zu verzichten gewöhnt man sich an die neuen Verhältnisse. Schließlich passen sich auch die Einheimischen etwas an die deutschen Gewohnheiten im Umgang auf der Baustelle bei Genauigkeit, Pünktlichkeit und Sorgfalt an, während der Bauleiter die religiösen Riten und Sitten beachtet, den Einladungen in ungewohnte Verhältnisse folgt.
4. Die Rückkehrphase ist begleitet von der Befürchtung, mit dem Rückumzug mit der Familie in ein „Loch" zu fallen, von der Freude auf Rückkehr zur Familie und

zu Freunden, von der Unsicherheit für die zukünftige Entwicklung. In der Heimat angekommen, ist nach einem längeren Auslandsaufenthalt die Wiedereingewöhnung in die andere Lebensweise oft nicht einfach zu bewältigen. Auch hier hilft die neue Aufgabe, sich schnell daran zu gewöhnen.

Im Kulturkontakt werden besonders folgende Formen unterschieden:

- Integration: Kulturelle Identität wird beibehalten, die fremde Sprache wird erlernt, die Werte, Gesetze, Normen des Landes werden geachtet, was zur aktiven Teilnahme am Leben und der Arbeit führt
- Assimilation: Die Fremden sollen und müssen so schnell wie möglich ihre herkömmlichen Verhaltensgewohnheiten und die kulturelle Identität ablegen.
- Separation: Die Fremden werden von den Einheimischen isoliert untergebracht und nur zur Arbeit in Kontakt mit den anderen gebracht. Die Fremden behalten die kulturelle Identität.

Oft wird ein Bauleiter auch mit „**Feng Shui**" (Wind und Wasser) konfrontiert. Dabei geht es um den nach einer alten chinesischen Lehre regelgerechten Einsatz von Formen, Farben, Materialien, Licht und die richtigen Strukturen und Anordnungen, damit die Lebensenergie Qi ungehindert fließen kann.. Es soll ein Ausgleich von Körper, Geist und Seele erreicht werden, was dazu führt, dass sich die Menschen in Büros und Wohnungen harmonisch, beschützt, wach und wohl fühlen, was außerdem damit das Immunsystem stärken soll.

Ein inzwischen weltweit bekanntes Symbol ist „**Yin und Yang**". Es basiert auf der chinesischen daoistischen Philosophie und charakterisieren die Welt als eine natürliche Ordnung, die auf Ausgeglichenheit und Harmonie zwischen sich gegenseitig beeinflussenden Kräften beruht. Dabei verkörpert das dunkle „Yin" das weibliche Element, Weichheit, Dunkelheit, Erde und Kälte, während das helle „Yang" Härte, Licht, Wärme, Himmel und männliches Element charakterisiert. Innerhalb der beiden Elemente existieren jeweils als kleine Kreise Keime der gegensätzlichen Elemente.

1.4.7.1 Allgemeine Verhaltensweisen im Ausland

Unabhängig von spezifischen religiös definierten Forderungen gilt allgemein:

- Gesprächspartner sollten freundlich aber zurückhaltend begrüßt werden
- Durch das Verhalten, Gesten, Lächeln, sich Zeit nehmen für Gespräche, ruhig zuzuhören, positive Bewertung des Lebens sollte eine Wertschätzung des Gastlandes und des Partners erfolgen und Vertrauen aufgebaut werden
- Andersgläubigen ist im Umgang mit Respekt zu begegnen, ohne sich zu religiösen Themen kritisch, missionierend oder abwertend zu äußern und ohne die eigene kulturelle Identität zu leugnen
- Fremde Frauen sollte man bei der Begrüßung nicht aktiv die Hand reichen, bei einigen Religionen ist das nicht erlaubt. Es ist eine ausreichende Distanz zu wahren.

- Die Kleidung ist bei Besuchen den Landessitten anzupassen, um auf die Gefühle der Einheimischen Rücksicht zu nehmen.
- Der Austausch von Zärtlichkeiten in der Öffentlichkeit ist oft nicht gewünscht.
- Vor dem Fotografieren sollte die Erlaubnis eingeholt werden, denn es könnte auch als Straftat ausgelegt und polizeilich geahndet werden. Das gilt besonders in der Nähe von Flughäfen, Kultstätten und militärischen Einrichtungen.
- In religiösen Kultstätten sind die besonderen Reinheits- und Kleidungsgebote zu beachten. Kultische Gegenstände oder Handlungen sollten nicht belächelt oder ausgelacht werden.
- Bei Einladungen in das Baubüro o. Ä. sind auf die Speise- und Trinkgebote zu achten.
- Auch wenn sich ein Bauleiter nicht aktiv an Gesprächen über Religionen und Kulturen beteiligen sollte, sind zum Verständnis der Partner sicher einige ausgewählte Informationen hilfreich. Nachfolgend daher eine kurze Darstellung wesentlicher Punkte politische Staatsformen und Religionen erfolgen.

Siehe hierzu: Thomas, Alexander (2013) Wie Fremdes vertraut erden kann, Gabler Verlag

1.4.7.2 Politische Strukturen

Der Bauleiter sollte sich vorher über die politischen Strukturen im Lande informieren und diese bei seinen späteren Handlungen beachten, ohne Partei zu ergreifen.

- Mehrparteien-Demokratien: Nach Wahlen können sich grundlegende Veränderungen ergeben. Ein Wechsel der führenden Partei führt in den meisten Fällen zu einer Auswechselung der Führungspositionen im Beamtenapparat der Bau- und der Wirtschaftsorgane. Während des Aufenthalts im Ausland sollte die politische Entwicklung verfolgt werden, ohne sich an Streitgesprächen zwischen den verschiedenen Parteien zu beteiligen.
- Einparteien-Demokratien: Bei großer absoluter Mehrheit kann Verfassung, Regime und auch die Präsidentenrolle verändert werden, was einer Diktatur nahe kommt. Da ist kaum mit wesentlichen Veränderungen bei den Verantwortlichen zu rechnen. Allerdings sind die entstandenen stabilen Strukturen in allen Ebenen und deren Ideologie zu beachten.
- Religiös orientierte Strukturen üben ihre Macht über die Organe der Religionsgemeinschaften, Parteien und über verschiedene andere Strukturen in den Machtorganen aus, die es zu beachten gilt, auch wenn die Verbindungen nicht immer offen erkennbar sind.
- Königreiche spielen nur in wenigen Ländern eine vom Bauleiter zu beachtende Rolle, besonders aber in Saudi-Arabien mit ihrem vielfältigen Einfluss auf die Strukturen anderer sunnitische Glaubensgemeinschaften anderer Länder.
- Militärmächte spielen meist nur zeitweilig eine unberechenbare Rolle bei der Abwicklung von Bauvorhaben, sorgfältig zu beachten ist die dann fehlende zivile Gerichtsbarkeit und die schwer definierbaren Rechtspraktik der Militärgerichte.

Im Rahmen der Urbanisierung, des Entstehens großer Städte und der Entvölkerung der landwirtschaftlichen Gebiete entstehen riesige Slums, zerbrechen Familien- und Stammes-Gemeinschaften überall in der Welt, besonders aber in Afrika und Südamerika. Bauleiter sollten den Besuch von Slums oder ethnischer Gruppen, die sich im Konflikt mit anderen ethnischen Gruppen befinden, vermeiden, um nicht zum Gegner eines Stammes zu werden.

Russische, griechische Schriftzeichen und arabische Zahlen helfen in schwierigen Situationen, wenn es u. U. gilt, Haus- und Autonummern, Zeit- und km-Angaben zu lesen.

Siehe hierzu Anlage 17 „Buchstabierformen, Schriften" und Anlage 19 „Grußformen"

1.4.8 Religionen

Der Glauben bestimmt das Verhalten, Denken und die Gefühle der Menschen. Er kann auf der Grundlage einer Religion, einer Philosophie, einer eigenen Lebenserfahrung oder auch einer politisch orientierten Ideologie beruhen. Im Vordergrund stehen die Religionen, deren jeweilige Anhänger in der Regel davon überzeugt sind, dass ihre Religion die einzig richtige Religion ist und sie der einzig richtigen Ideologie folgen. Diese Auffassung vertreten oft auch Atheisten.

Auch wenn sich ein Bauleiter tolerant zeigen sollte und sich bei Gesprächen über Religionen und Kulturen zurückhalten sollte, sind zum Verständnis der Geschäfts-Partner sicher einige ausgewählte Informationen hilfreich. Es soll hier aber nur eine kurze Darstellung wesentlicher Punkte der weit verbreiteten Glaubensrichtungen erfolgen:

1.4.8.1 Christentum (2,1 Mrd. Gläubige)

Das Christentum basiert auf dem alten Testament mit den Büchern Moses, Psalmen, 10 Geboten und dem neuen Testament mit den Briefen und Erklärungen der Apostel, der Dreifaltigkeit und der Rolle von Jesus Christus. Jesus, Sohn des Zimmermanns Josef und der Mutter Maria, war jüdischer Rabbi und Wanderprediger. Nach seinem Tod verbreitete sich sein Ruf als von Gott „Gesalbter" (hebr. Messias, griech. Christus). In der Zeit Karls des Großen und des Absolutismus wurde die angewendete Rechtsordnung durch die Kirchenvertreter definiert. Die Säkularisierung begann in der Epoche der Aufklärung. Im Laufe der Zeit haben sich verschiedene Formen entwickelt, deren Hauptformen sind:

- **Griechisch- und Russisch-orthodoxe (katholische) Kirche**: Sie erfasste bis zum 9. Jahrhundert alle christlichen Kirchengemeinden der Welt mit den Bischöfen. Die oberste Behörde war die Synode, die aber keine Machtansprüche stellte. Diese veränderte die Grundauffassungen nicht. Der Sitz war Konstantinopel. Sie ist in Osteuropa die dominierende Kirche als russisch-orthodoxe, serbisch-orthodoxe, syrisch-orthodoxe, rumänisch-orthodoxe oder griechisch-orthodoxe Kirche.
- **Römisch-katholische Kirche**: Im 9. Jahrhundert begann der Bischof von Rom sich zum unfehlbaren obersten Herrscher der Kirche und zum direkten Nachfolger des

Apostels Petrus zu erklären. Außerdem verkündete er u. a. die unbefleckte Empfängnis der Maria als neues Dogma. Sie verbietet die Verhütung. Eine UNO-Resolution erklärte 2004 das Menschenrecht auf Familienplanung. Die Trennung der Kirchen (Schisma) erfolgte endgültig mit den gegenseitigen Bannflüchen im Jahre 1054. Sie dominiert jetzt als christliche Kirche weltweit, neben Europa, Teilen Afrikas in Südamerika.

- **Evangelische Kirche** (auch Protestantische Kirche): Sie resultiert aus der Bibelübersetzung von dem Augustinermönch Martin Luther (1483–1546). Der Beginn wird mit der Kritik am Ablasshandel und dem Wurf der 95 Thesen an den Dom von Wittenberg 1515 datiert. Eine besondere Form ist die evangelisch-methodistische Kirche, bei der alle am Abendmahl teilnehmen können.
- **Sonstige christliche Gemeinden** sind u. a. die Neuapostolische Kirche in Nordamerika, die Kopten und die ägyptisch-orthodoxe Kirche in Ägypten, die assyrische Kirche des Ostens, die Jesiden und die armenisch-apostolische Kirche.

Daneben bildeten sich andere Formen des christlichen Glaubens bzw. Sekten wie Baptisten, Zeugen Jehovas (Bibelforscher, verkünden Jehovas Königreich), 7-Tage-Adventisten (ungeteilter Gehorsam und Glauben), Boston Church, Scientology.

In Südkorea entstand durch den San Myung Mun (**Moon**) eine Sekte „Vereinigungskirche", eine Erlösungs- und Offenbarungsbewegung mit dem Ziel der Errichtung eines himmlischen Königsreiches, von Koreas heiliger Elite der Mun-Familie geführt. Dabei erklärt er sich als von Gott berufenes Instrument. Die stark missionarische Tätigkeit erstreckt sich inzwischen von ihrem seit 1971 bestehenden Sitz in den USA auch auf Europa. Wie die Mun-Sekte besitzen die meisten Sekten Firmen und verfügen über hohe Vermögen.

Der Anteil der Christen an der Bevölkerung arabischer Länder reicht von Irak 16, VAE 12,6, Ägypten 10,5 %, Iran 0,35, bis zur Türkei mit 0,2 %.

1.4.8.2   Islam (1,5 Mrd. Gläubige)

Islam bedeutet Hinwendung zu Gott (Allah). In den Jahren 610 bis 632 n. Chr. soll dem von Allah nach Abraham und Jesus letzten Gesandten Mohammed die Schriften Sunna mit den Hadithen und den Koran mit seinen Suren offenbart worden sein. Mohammed wurde vermutlich. am 20.4.570 n. Chr. in Mekka geboren, was als Maulud-Fest von der islamischen Welt gefeiert wird. Der Koran fand durch den Adoptivsohn Mohammeds 653 die heute übliche Fassung und gilt für alle Muslime (nicht als Mohamedaner bezeichnen!). Er enthält die 5 Pflichten (Säulen)der Muslime:

- das Glaubensbekenntnis zu Allah (Schahada);
- 5 Gebete am Tag (Salat), Gebetsort, – Richtung, – Ruf (Al-la-bu-akbar/Allah ist am größten); Ein Gebetsrufer (Muezzin) ruft von der Moschee zum Gebet
- Almosensteuer (Zakat), daneben gibt es freiwillige Spenden (Sadaqa)
- jährliches Fasten (Saum) 30 Tage im Ramadan,
- Pilgerfahrt nach Mekka (Haddsch), nach Rückkehr wird er Hadschi genannt, die erste Auswanderung Mohammeds aus Mekka im Jahr 622 ist der Beginn der islamischen Zeitrechnung, Mohammed darf nur ohne Gesicht, Allah gar nicht gezeichnet werden.

Ausgewählte Suren beinhalten auszugsweise:

- Christen und Juden werden als Volk der Schrift bezeichnet, das Evangelium und die Thora sei aber erst nach Abraham geschaffen worden (Sure3:65)
- Die Männer aber stehen über den Frauen, weil Allah einem Teil einen Vorzug vor dem anderen gegeben hat (Sure4:34)
- Heiratet Frauen, die euch gefallen, zwei oder drei oder vier (Sure4:3)

Durch islamische Rechtsschulen wurde die **Scharia** geschaffen, die Basis für die Gesetze im Islam, besonders in Saudi-Arabien, Iran, Sudan, Jemen, Indonesien, Mauretanien ist.

Danach können u. a. Frauen gesteinigt und Dieben die Hand abgehackt werden. Ob eine Tat gegen den Koran verstößt, erklären muslimische Gelehrte in einer „Fatwa". Dabei können Personen, die andere Meinungen vertreten haben, leicht von diesen verurteilt werden. Die Urteile, auch Todesurteile, treffen besonders Atheisten (Ungläubige, Gottlose, Heiden) oder Angehörige anderer Religionen.

Besondere Verhaltensregeln, die in den islamischen Ländern unterschiedlich intensiv praktiziert werden, aber dort vom Bauleiter zu beachten sind:

- Moscheen dürfen nur barfuß/mit Socken und mit gereinigten Händen, Füßen und Armen (Wudu)betreten werden, vor dem Betreten einer Wohnung sind die Schuhe auszuziehen.
- Zum Gebet muss der Körper stets rein (halal) sein. Der Intimbereich ist nur mit der linken Hand zu waschen. Menschliche Ausscheidungen und Blut sind unrein (haram).
- Alkohol einschließlich Wein, Bier und gefüllte Pralinen sind verboten zu essen.
- Eine Muslimin hat nur Hand und Gesicht zu zeigen. (Kopftuch bis Ganzkörperschleier/ Burka) Muslime haben keine Kleidung zu tragen, die zeigt, was Fremde nicht sehen sollen, keine figurbetonte Kleidung
- Männer und Frauen, die nicht miteinander verheiratet sind, dürfen sich nicht berühren, nicht nebeneinander sitzen und sich nur in Anwesenheit eines Dritten begegnen.
- Junge Muslime sind verpflichtet, für ihre muslimischen Eltern zu sorgen
- Lädt der Bauleiter ein, ist auf o. g. Ess- und Sitzregeln zu achten und zu vereinbarende Pausen für das Gebet der Muslime einzuplanen

Innerhalb des Islam gibt es zwei Grundrichtungen:

- **Sunniten** (85 % der Islam-Gläubigen)
  Oberhaupt ist nach der Überlieferung der Kalif, das Kalifat ist ein zentrales politisch-religiöses Regime.
  Hauptländer sind Saudi-Arabien (streng orthodoxe Sunniten/Wahhabiten), Türkei, Jordanien, Indonesien, Nord/West-Irak, Pakistan, Kasachstan, Syrien, Nordafrika
- **Schiiten** (12 % der Islam-Gläubigen)
  Sie beziehen sich auf den Schwiegersohn Ali von Mohammed und die Schlacht bei Kerbala. Ihr Oberhaupt ist der Imam, Hauptländer sind Iran und Süd/Westirak.

* **Sonstige**

  Daneben existieren andere Gemeinden wie

  – die Aleviten in der Türkei und im Nordirak, sehr tolerant gegenüber anderen Religionen, Ziel ist, ein guter Mensch zu sein
  – die Charidschiten (Kharidiiten) in Oman, Lybien, Tunesien, Algerien, Sansibar/ Tansania
  – die Drusen im Libanon, Al-Hakim als letzte göttliche Inkarnation
  – die Ahmadiyya
  – Salafisten, zur intensiven Auslegung des Koran gegen andere neigend
  – die Sufis, eine mystische Ausrichtung (Sufismus)
  – die Derwische, asketisch lebende Islam-Gläubige mit Armutsgelübde, Drehtänzer

1.4.8.3   Hinduismus (900 Mio. Gläubige)

Dieser Glauben ist der Oberbegriff für verschiedene Glaubensformen, charakterisiert durch das Verehren von Pflanzen, Tieren, Menschen und einer Muttergottheit, oft vielköpfig, vielarmig und begleitet von anderen Göttern, einem Weltenkreislauf ohne Anfang und Ende, sowie der Wiedergeburt. Jeder Mensch besitzt ein Karma (Pali „Wirken"), die Summe seiner Taten, Energien und Wirkungen. Die Hauptgebiete sind Indien und Sri Lanka.

Verschiedene Glaubensysteme beziehen sich auf unterschiedliche Götter: Vishnu (Bewahrer), Shiva (Zerstörung), Brahman (Schöpfer), Shakti (Urkraft). Gurus (Sanskrit „Lehrer") beraten und verbreiten den Glauben. Typisch sind die verschiedenen Stirnzeichen, Gebetsketten und Kleidungsfarben sowie die Feuerbestattung.

Der wichtigste religiöse Text ist in 4 Veden (Sanskrit „Wissen") verfasst.

Obwohl seit 1949 offiziell abgeschafft, wirkt das Kastensystem weiter in der Reihenfolge, in die Menschen geboren werden, die oft noch Heirat, Beruf, Bildung u. a. bestimmen:

1. Brahmanen, Priester, Gurus
2. Krieger, Adlige (Kswhatyas)
3. Kaufleute (Vaishyas), Bauern
4. Dienende, Arbeiterkaste (Dalits), dürfen nicht berührt werden und nicht die Tempel betreten

Seit 1500 n. Chr. entsteht der **Sikh**ismus, gegründet vom Guru Nanan Dev (Nanak), der sich als Schüler Gottes (Sanskrit Sikh) versteht. Damit verbindet er die Anrufung Gottes aus dem Islam mit der Seelenwanderung der Karma-Lehre des Hinduismus. Ein wichtiger Ausspruch ist: Es gibt keine Hindus, keine Muslime, es gibt nur „Geschöpfe Gottes". Markant sind die besonderen Turbane.

Besondere Verhaltensregeln sind:

* Mindestens Dienstag und Freitag soll vegetarisch gegessen werden.
* Vor dem Essen und vor dem Gottesdienst sind die Hände zu waschen

- Mann und Frau geben sich bei der Begrüßung nicht die Hand, sie kreuzen die Hände vor der Brust
- Hindus vermeiden „nein" zu sagen, sie weichen aus, weil „nein" für sie unhöflich ist.
- Das Umschreiten eines Schreins erfolgt nur im Uhrzeigersinn.

Weit verbreitet ist die Askese (griech. Übung), ein Verzicht auf materielle Bedürfnisse, Sex, Kommunikation, eine Hinwendung zu Meditation und Yoga.

In Indien haben sich verschiedene neue religiöse Bewegungen gebildet. Dazu gehört die **AMPS**, die Ananda Marga Pracaraka Samgha, eine sozio-spirituelle Organisation, streng hierarchisch aufgebaut. Inhalt sind spezielle Yoga-Übungen und Meditation aus der Tantra-Lehre des Hinduismus.

1.4.8.4   Konfuzianismus (394 Mio. Gläubige)

Der Konfuzianismus ist die westliche Bezeichnung für die von Konfuzius (chin. K'ung-fu-tzu, 551–479 v. Chr.) geprägte politisch-philosophische Strömung in China. Er wurde in Qufu im Staat Lu (jetzt Provinz Shandong) geboren, wo er auch starb. Er lernte die „sechs Künste" (Tanz, Musik, Schreiben, Rechnen, Bogenschießen und Wagenlenken), interessierte sich für das Altertum, die überlieferten Riten, Ideale und Gebräuche. Auf seinen Wanderungen unterrichtete er seine Schüler, die ihn als großen Gelehrten achteten. Später verbreiteten diese Schüler (77) seine Lehren, die erst 100 Jahre nach seinem Tod aufgeschrieben wurden. Konfuzius ordnete und kommentierte die „5 Klassiker" der Vergangenheit, das Buch der „Lieder", der „Wandlungen", der „Riten", der „Urkunden" und der „Annalen des Staates Lu" sowie weiterer Klassiker der

Vergangenheit wie das Buch der Lehrgespräche. Die Hauptquelle für die Lehren von Konfuzius findet man in der Textsammlung „Gespräche" (chin. Lun Yü).

Wesentliche konfuzianische Verhaltensgrundsätze sind:

- Um die Welt in Ordnung zu bringen, sind gebildete sittliche, vorbildliche Menschen notwendig, die in Harmonie mit der Welt leben, Achtung vor anderen Menschen und eine pragmatische Haltung „mit Maß und Mitte" haben und „Extreme und Einseitigkeiten" ablehnen.
- Der Weg zu einem „Edlen"(vornehmen Charakter)führt über
  - richtiges (höfliches) Verhalten zu anderen Menschen, Tugend und Gerechtigkeit (ren), es befreit von Sorgen
  - Weisheit, sie bewahrt von Zweifeln, deshalb lernen
  - Entschlossenheit, Pflichtergebenheit (yi), sie überwindet die Furcht
  - Erst durch die gesellschaftliche Ordnung eröffnet sich die Freiheit für die Menschen, patriarchalische Ein- und Unterordnung (xiao), dazu gehören besonders edle Beziehungen zwischen

    - Kinder – Eltern
    - Vorgesetzte – Untergebene
    - Ahnenverehrung

- Achtung der Riten und Sitten
- „Ein Mensch ohne Glauben, ich weiß nicht, was mit dem zu machen ist. Ein großer Wagen ohne Joch, ein kleiner Wagen ohne Kummet, wie kann man den voranbringen?"

1.4.8.5   Buddhismus (390 Mio. Gläubige)

Als Stifter bzw. Buddha (der „Erwachte")wird Siddharta Gautama (ca.450-370 v. Chr.) verehrt. Der Buddhismus ist besonders in Südost-Asien, China, Mongolei und Japan in verschiedenen Glaubensrichtungen verbreitet und enthält Teile des Hinduismus.

Seine 4 edlen Wahrheiten beziehen sich auf seine Perspektive auf die Welt. Dabei versteht er das Leben als Leiden, das durch Festhalten an Begierden entsteht, gefangen durch Wahn, Gier und Hass. Das Leiden kann nur aufgehoben werden, wenn man Ursache und Wirkung erkennt und die Gier durch Meditation und Erkenntnis zerstört wird. Dabei hilft der edle achtfache Pfad aus dem Kreislauf des Leidens, bestehend aus:

- Rechter Erkenntnis oder Ansicht, die 4 edlen Wahrheiten zu verstehen
- Rechter Gesinnung und Denken, Güte und Mitgefühl
- Rechter Rede, nicht lügen, beleidigen, keine unnützen Worte
- Rechter Tat, nicht stehlen, nicht töten, kein sexuelles Fehlverhalten, keine Drogen
- Rechtes Leben, keine unmoralische Berufe, keine Lebewesen schädigen
- Rechtes Handeln und Streben, sich anspruchsvolle, ehrenhafte Ziele setzen
- Rechte Achtsamkeit und rechtes Überdenken, bewusst und kontrolliert leben, denken
- Rechte Sammlung, Meditation, Begierden mit Abstand vom Alltag betrachten

Die Hauptrichtungen sind Theravada-(Südost-Asien), Mahayana-(Japan, Zen-Budd.), Vajrayana-Buddhismus (Tibet, Lamaismus).

Für Hochzeiten, Scheidungen und die Feuerbestattung gelten regional unterschiedliche Rituale. Auffällig sind die Mönche in den 2 orange-farbigen Tüchern (in Japan blau). Sie müssen sich ihr Essen morgens erbetteln und vegetarisch leben. Für die Bevölkerung ist es eine Ehre, ihnen Essen zu geben.

Besondere Verhaltensregeln sind:

- Niemand wird als Buddhist geboren, nur durch „Zufluchtnehmen". Dabei braucht ein religiöser Mensch nicht aus der bisherigen Religion austreten.
- Händeschütteln, Berührungen und Umarmungen sind nicht üblich
- Beine sollen nicht übereinander gelegt, Füße nicht gegen einen Buddha oder Menschen gerichtet werden
- Buddhastatuen oder Buddhaschriften sollen nie auf den Boden gelegt werden
- Als Gast sollte er Blumen oder ein anderes Geschenk mitbringen und die Schuhe neben die anderen stellen. Er darf Essen stehen lassen, wenn es zuviel ist.

Infolge der unterschiedlichen buddhistischen Glaubensrichtungen und dem fehlenden Absolutheitsanspruch weichen die zu beachtenden Verhaltensregeln untereinander sehr ab. Rückfragen an die Partner werden in der Regel offen beantwortet.

1.4.8.6 Judentum (14 Mio. Gläubige)

Basis ist die Thora (hebr. „Lehre, Weisung"), bestehend aus fünf Büchern des Moses mit verschiedenen Bestimmungen, einschließlich der 10 Gebote (Dekalog), die vom Christentum übernommen wurden. Im Talmud werden als Hauptwerk der jüdischen ethischen Glaubenslehre die Traditionen aufbewahrt. Stammvater Israels ist Abraham, der auch im Christentum und dem Islam genannt wird. Im „Halacha" sind die Gebote für die jüdische Lebensführung enthalten.

Für einen streng gläubigen Juden (Chassis) sind folgende Punkte besonders wichtig:

- Der Sabbat (jidd. Schabbes) ist der Ruhetag von Freitagabend bis Samstagabend, an dem jede Arbeit, jedes Tragen und Fahren verboten ist. Mehrere Feiertage stehen im Zusammenhang mit dem Auszug der Juden aus Ägypten.
- Gastfreundschaft in der Wohnung und in der Synagoge sind gewünscht
- Freiwillig ehelose Juden gelten als unvollkommen, weil sie das Gebot, durch Nachkommen den Fortbestand des Glaubens und des Volkes ignorieren. Zur Hochzeit wird die Kettuba, ein Ehevertrag unterschrieben, der die Pflichten des Mannes enthält.
- Nur das Fleisch von wiederkäuenden Paarhufern ist koscher. Die Tiere sind zu schächten, d. h. unmittelbar auszubluten. Das gemeinsame Zubereiten von Milch und Fleisch ist verboten. Wer orthodoxe Juden einlädt, hat auf die Kaschrut, die Speisegesetze zur Bereitstellung von koscherem Wein, koscheren Lebensmitteln und Wegwerfgeschirr zu achten.
- Jüdische Männer tragen beim Gebet die Kippa (rundes flaches schwarzes Käppchen) und einen Tallit (weiß-blauen Schal mit 4 Quasten). Jungen werden am 8. Lebenstag beschnitten.

Im Verhalten zur Religion und zu den Frauen unterscheidet sich das orthodoxe (Staatsreligion) von dem konservativem und dem liberalen Judentum. Es gibt keine Priester. Rabbiner sind Religionslehrer.

Zu beachten ist, dass der Begriff Jude die Glaubenszugehörigkeit definiert, nicht die Staatsbürgerschaft, da sind sie in Israel Israeli.

Weitere Einzelheiten zu Religionen unter: www.religion-online.info, www.relinfo.ch
Siehe hierzu Anlage 6 Check „Standort"

1.5 Organisatorische Vorbereitung

1.5.1 Planung der Aufbauorganisation

Bei der Planung der Aufbaustruktur für das Bauvorhaben ist anzustreben:

- Direkte Zuordnung der Funktion des Bauleiters zum Entscheidungsträger des Unternehmens, verbunden mit der entsprechenden Bevollmächtigung für damit verbundene personelle, technische und wirtschaftliche Aufgaben
- Organisation der Zusammenarbeit in Rapportform unter Teilnahme der dabei jeweils entscheidungsbefugten Führungskräfte der beteiligten Unternehmen und Institutionen, um kurzfristige Abstimmungen und deren unmittelbare Umsetzung zu ermöglichen
- Delegierung der Entscheidungsvorbereitung an die unmittelbar an der Umsetzung beteiligten Teams entsprechend der sich gebildeten vertraglich definierten Struktur
- Einbeziehung des Bauleiters in alle das Bauvorhaben betreffenden Entscheidungen und deren Vorbereitung, beginnend bei der Angebotsbearbeitung und den Vertragsverhandlungen
- Wahl einer effizienten Gesamtstruktur mit kurzen Entscheidungswegen und hoher Sachkunde innerhalb der technischen, wirtschaftlichen und personellen Struktur
- Organisation der Kommunikation nach den entstandenen Ebenen, Bauleiter führen eigenständige Bauberatungen mit den Nachauftragnehmern durch.
- Anpassung an vom Bauherrn praktizierte Strukturen der Verantwortungs- und Aufgabenverteilung

1.5.2 Wirtschaftliche Gestaltung

Für Bauleiter im Ausland kommt der wirtschaftlichen Organisation eine besondere Wichtigkeit zu. Die Schwerpunkte sind:

- ständiger Kontakt zwischen dem wirtschaftlich kompetenten Vertreter des Unternehmens und dem Bauleiter
- Auswahl der optimalen Lösungen für Unterkünfte, Versorgung, Einrichtungen, Leistungen, Materiallieferungen u. Ä.
- Einrichten und Nutzen des Baustellenkontos für die Bezahlung von kurzfristig vor Ort zu beauftragenden Liefer-, Transport- und Arbeitsleistungen
- Sicherung der zahlungsauslösenden, termin- und inhaltsgerechten Abnahmen durch eindeutige Protokollierung des Anspruchs auf Auszahlung und Kontakte zu Banken des Landes
- Gewährleistung einer effizienten Nutzung der Devisen und einheimischer Währungen
- periodische Berichterstattung an das Unternehmen mit Bewertung der jeweiligen wirtschaftlichen Situation, der Vorschau auf folgende Zahlungen des Kunden und die Entwicklung der Baustellenkosten

Der Bauleiter sollte die vorgegebene Kostenplanung mit seinen Erfahrungen vergleichen und rechtzeitig notwendige Korrekturen veranlassen. Das gilt vor allem für:

- Gebühren, Auflagen zu Material- und Arbeitskräfteeinsatz,
- Transporte in das Land, im Land, Zoll,
- Materialkosten, Verluste, Qualitätsminderungen
- Personalkosten eigene und fremde Kräfte, Personal-Risiken, Sicherheitskosten
- sonstige Arbeitskräftekosten wie Krankheitskosten, Umzüge, Unterbringung, Versorgung, Werkzeuge, Arbeitsschutzmittel, Arbeitsschutzkleidung
- Bau- und Ausrüstungskosten, Reparaturen, Ersatz, Werkzeug-Verschleiß Finanzierungskosten

Dabei ist das vorhandene Risiko zu bewerten:

- Planungssicherheit, Technologien, Preisentwicklung
- Genehmigungssicherheit, Auflagen von Behörden
- Finanzierungs- und Zahlungssicherheit, Zinssätze
- Material- und Logistiksicherheit, Lagerbedingungen, Fahrzeugqualität, Ausfälle
- Personalsicherheit, Qualifikation, Krankheit, Arbeitserlaubnis, Motivation
- Sicherheit der Umweltbedingungen, wie Überflutungen, Stürme, Erdrutsche, Frost
- Inbetriebnahme-Sicherheit, Medienbereitstellung, Abnahmebereitschaft
- Erlös-, Einnahmen-, Zahlungs-Sicherheit

Für die finanzielle Organisation auf der Baustelle und für das Unternehmen wird ein aus dem Ablaufplan abgeleiteter Zahlungsplan notwendig.

1.5.3 Ablaufplanung

Mit der Übertragung der Bauleitung übernimmt der Bauleiter die Verantwortung für die damit verbundenen Leistungen. Deshalb ist es notwendig, ihn bereits bei den ersten Stufen der Ablaufplanung einzubeziehen, dabei ist vor allem wichtig:

- die Mitwirkung bei der Organisation der Vorbereitung und die selbständige Durchführung des Leistungsvolumens von der Ausschreibung bis zur Endabnahme
- die Koordinierung der Planung und Abwicklung der betreffenden Arbeitsabläufe im In- und Ausland
- die Termineinhaltung der Vertragstermine gemäß vereinbartem Ablaufplan
- die Qualitätskontrolle der Vorleistungen, Lieferungen und Eigenleistungen und Durchsetzung der Mängelbeseitigung
- die rechtzeitige Veranlassung notwendiger Schritte bei auftretenden Störungen des Bauablaufs
- Die laufende Aktualisierung der Ablaufplanungs-Dokumente, beginnend bei der Vorhaben-Grob-Planung bis zu den Terminstellungen des Vertrages.

Der Bauleiter sollte die vorgegebene Planung nach seiner Erfahrung überprüfen auf:

- rechtzeitige Planung der Genehmigung der Verfahren
- präzise Planung der Technologie für Bau und Ausrüstung unter den jeweiligen Klimabedingungen der Region,
- vollständige Planung der Logistik mit den vorhandenen Mitteln und ggf. notwendigen Umwegen zur Kostensenkung oder aus Sicherheitsgründen

Im Ablaufplan sind verschiedene Faktoren darzustellen und zu beachten:

- Art, Beginn, Dauer und gegenseitige Abhängigkeiten der einzelnen Leistungen
- mögliche Veränderungen der Leistungszeiten durch veränderte Kapazitäten an Arbeitskräften und Bauausrüstungen zur Optimierung des Ablaufes
- technologische Abhängigkeiten und besondere technologisch bedingte Wartezeiten
- Beachtung logistischer Bedingungen und Zeiten zwischen Auftrag und Realisierbarkeit unter den Bedingungen des Auslandes bzw. des Außenhandels
- Beachtung der Anforderungen der Baustellenart, Punkt-, Flächen-, Linien- bzw. Wanderbaustellen
- Haupt- bzw. wichtige Vertragstermine, die zu Meilensteinen erklärt wurden und besonders darzustellen sind

Für die Darstellung sind verschiedene Arten des Ablaufplans möglich:

- **Balkendiagramm** mit Vorgangsübersicht für einfach strukturierte Vorhaben, ggf. als Excel-Darstellung
- Balkendiagramm mit Vorgangsliste, technologischer Verflechtung der Leistungen und Erfassung der notwendigen Ressourcen, besonders für mittlere Punktvorhaben geeignet, häufig auch Zeitfolgeplan genannt, möglich mit Darstellung des „kritischen Weges"
- **Liniendiagramm**, besonders für Linienbaustellen geeignet, dargestellt werden Ausdehnung der Bauabschnitte, Umfang der zu realisierenden Leistungen/Arbeitsstunden/Materialbedarf in einer Zeiteinheit in Abhängigkeit der arbeitstäglichen Leistungsfähigkeit in einem Weg/Zeit-Diagramm
- **Taktfertigung und Fahrpläne**
- **Meilenstein-Methode**, bei der die Einhaltung entscheidender Termine und deren Abweichungen vom Plan als Basis für eine einfache und übersichtliche Bewertung der Entwicklung dargestellt sind.

Zur Berechnung und Darstellung des Ablaufes mit Hilfe der Netzplantechnik werden folgende Lösungen verwendet:

- **CPM** (Critical Path Method) Diese Methode wird zur Ermittlung des kritischen Weges genutzt, um die dabei ausgewiesenen Leistungen besonders zu kontrollieren und zu optimieren.
- **PERT** (Programme Evaluation and Review Technique) Das ist eine stochastische Methode, bei der die Leistungen als ein zeitliches Ereignis dargestellt werden.
- **MPM** (Metra-Potenzial-Methode) Bei der Methode werden die Vorgänge als Knoten dargestellt und bearbeitet.

Mit diesen Methoden, für die Software-Lösungen vorliegen, wird durch den optimierten Einsatz der Kapazitäten eine Einsparung an Ressourcen und Kosten erreicht.

Siehe hierzu Anlage 13 Muster „Ablaufplan"

1.5.3.1 Arbeitskräfteplan

Aus dem Ablaufplan resultiert für die vom Bauleiter zu organisierenden Firmen die geplante Arbeitskräftezahl. Für diese Arbeitskräfte sind die Baustellenbedingungen zu sichern und bereits bei der Planung auftretende Spitzenbelastungen abzubauen. Darzustellen sind für eigene und fremde Kräfte:

- Bedarf nach Zeitpunkt, Dauer, Qualifikation, Eignung
- Verantwortliche für Auswahl und arbeitsvertragliche Bindung
- Besondere Auswahl von Spezialisten und Dolmetschern
- Definition der Vorbereitungs-, Einsatz- und Urlaubszeiten
- Planung der resultierenden Ausstattung mit Arbeitsmitteln
- Sicherung von Unterkünften, Sanitäreinrichtungen und Versorgung
- Optimierung der Kapazität der Baustelleneinrichtung
- Prüfung auf Übernachtungsvarianten, Versorgungsmöglichkeiten mit Essen, Wasser, Heizung
- Arbeitskräftegewinnung und Transportmöglichkeiten zur Baustelle
- Kontrolle der Leistungsplanung über die durchschnittliche Arbeitsproduktivität
- Klärung der Ein- und Ausreise von Arbeitskräften, Beschaffung der Dokumente
- Genehmigungsverfahren für den Einsatz ausländischer Arbeitskräfte im Land

Im Bautagebuch sind die aktuellen Angaben zu Firma, Soll/Ist der Arbeits- und Führungskräfte darzustellen. Die Firmen haben den namentlichen Nachweis auf Anfrage des Bauleiter bereitzuhalten bzw. zu übergeben, um Kontrollen zu erleichtern..

Durch eine übersichtliche Diagramm – Darstellung auf der Zeitachse sind sofort die möglichen Kapazität – Defizite erkennbar.

1.5.3.2 Zahlungsplan

Abgeleitet aus dem Ablaufplan und den vertraglich vereinbarten zahlungsauslösenden Ereignissen ist ein Zahlungs- und Finanzierungsplan auszuarbeiten. Dementsprechend ist zu gewährleisten, dass das Bauunternehmen auf der Baustelle jederzeit zahlungsfähig bleibt.

Schwerpunkte sind:.

- Anzahlungsbeträge
- Eigenmittelzuführung
- Einzahlungen nach erfolgtem Leistungsnachweis
- Auszahlungen an eigene Kräfte, Gebühren und Mieten
- Auszahlungen an Firmen entsprechend den vereinbarten Bedingungen
- Rückstellungen für unvorhergesehene Ereignisse

Um Liquiditäts – Problemen vorzubeugen sind mögliche Verzögerungen im Zahlungs-
eingang zu berücksichtigen.

Bei Zahlungsverzug oder ungerechtfertigten Forderungen Dritter sind vom Bauleiter in
Abstimmung mit dem Verantwortlichen im Unternehmen schnell geeignete Maßnahmen
einzuleiten.

Einsatzbeginn

2

2.1 Übernahme der Bauleitung vor Ort

2.1.1 Bedingungen für Bauleitung und Baustelle

Bevor ein Bauleiter eine Baustelle übernimmt, sollte er wesentliche Voraussetzungen prüfen, sich gut auf die Anlaufberatung vorbereiten und sich über die aufzubauende Baustelleneinrichtung unter den jeweils gegebenen Bedingungen informieren.

Was ergibt die Auswertung von Leistungsbeschreibung oder Leistungsverzeichnis?

- Notwendige Arbeiten, Ablaufplan
- Arbeitsbedingungen
- Preise, Konditionen, Zahlungsplan
- Vertraglich vereinbarte Termine
- Abnahmebedingungen
- Betriebskosten
- Notwendige Bohrungen, Bodenuntersuchungen
- Anzuwendende ausländische Normen
- Baustelleneinrichtungsbedingungen Angaben für die Baustellensicherung,
- Beteiligte an Planung und Ausführung: Adresse, Verantwortliche, Telefon, Fax,

Welche Besonderheiten der Beweissicherung bestehen?
Dazu gehören besonders folgende Fragen:

- Rechtzeitiger Erhalt vollständiger Projektdokumentationen, die eindeutig die Leistungen, die Ausführungs- und Abnahmebedingungen, die geprüften Angaben zur Standfestigkeit sowie die Baufreiheitsbedingungen beschreiben, erhalten?
- Vertrag mit allen Anlagen vorhanden?

© Springer Fachmedien Wiesbaden 2016
K. Micksch, *Bauleitung im Ausland*, DOI 10.1007/978-3-658-13903-2_2

- Leistungsbeschreibung und Leistungsverzeichnis aktuell?
- Angebotskalkulation und Vertragspreise bekannt?
- Genehmigungspläne übergeben?
- Prüfstatik, Baugrundgutachten erhalten?
- Art, Menge und Qualität der Hauptbaustoffe und Hilfsstoffe mit Lieferer angegeben?
- Erste Ausführungsprojekte vorhanden?
- Baustelleneinrichtungsplan vorhanden?
- Bestätigten Kostenplan und Baugeld erhalten?
- Baustellen-, Abnahme- und Rapportordnung vereinbart?
- Vorlage aller für die Vertragserfüllung notwendigen Genehmigungen, Erlaubnisse und Abstimmungsergebnisse mit den am Vorhaben Beteiligten, Termine und der besonderen und der technischen Vertragsbedingungen sowie sonstiger Arbeits-Unterlagen erhalten?
- Rechtswirksame Übergabe der Baustellenflächen mit Hauptachsen, Höhenfestpunkten, Baugrundgutachten, Grundwasserbedingungen und Angaben zur Bereitstellung von Baustrom, Bauwasser, Lagerflächen, Versicherungen vorhanden?
- Kontrolle der vollständigen Beräumung, Beseitigung von Altlasten, Nachweis der Prüfung auf Munition, Kontamination oder archäologische Funde erfolgt?
- Stand der Arbeitskräftebereitstellung, der Bestellung der Baustelleneinrichtung, der Montageausrüstung, der Ablauf- und Zahlungsplanung ausreichend?
- Nachweis der ausreichenden Sicherheit für die Bezahlung durch Anzahlung, Zahlungsbürgschaft, Zahlungsgarantie einer Bank?
- Eigene Vollmachten, Berichtspflichten, Übernahme der Nebenkosten, Einsatz eines Vertreters?

Besteht volle Baufreiheit? Die Baufreiheiten sollten Bestandteil der Verträge sein. Schwerpunkte sind:

- Nach Vertrag erfolgte vollständige Beräumung der Baustelle und der Fläche für die Baustelleneinrichtung
- Freie Zufahrten und Baufeld-Absteckungen, Bestandspläne für Kabel und Leitungen
- Vermessene Lagepläne der vorhandenen Bebauung und der Grenzen
- Amtlich vermessene und gesicherte Höhenfestpunkte und Hauptachsen vorhanden?
- Nachweis Munitionsfreiheit/Kontamination schriftlich vorliegend?
- Zufahrten gesichert und belastbar?
- Vorhandene belastbare Baustellenausrüstungs-, Aufstellungs- und Lagerflächen?
- Vereinbarte Anschlüsse für Strom, Wasser, Abwasser; Einfriedung, Sicherheit vollständig vorhanden und ausreichend?
- Ist die Dokumentation des vorgefundenen Zustands erfolgt?
- Wurde ein Vertreter des Bauherrn als nachweisbarer Zeuge beteiligt?
- Kann die Baustelle ohne Probleme übernommen werden?
- Kabel-, Leitungsplan, Übergabepunkte, Absteckung, Messpunkte vorhanden?
- Baustelleneinrichtungsplan bestätigt,?

Was ist für die Sicherheit erfolgt?

- Unterlage für Ausrüstungen und Nutzung der Sicherheitseinrichtung vorhanden?
- Einfriedung, Kranbegrenzung und Sicherung der Nachbarbauten erfolgt?
- Standsicherheit, Baustellensicherheit, Elektroanlagen überprüft und dokumentiert?

Wie erfolgt die Kommunikation?

- Ausstattung des Bauleiters mit Kommunikationsmitteln erfolgt?
- Beweissicherung, Rapportordnung und Berichtssystem vereinbart?
- Verhalten in Notsituationen festgelegt?
- Siehe hierzu Anlage 7 „Check Notsituation"

Welche Baumaschinen werden eingesetzt?

- Baumaschinen – Einsätze, Art, Termine festgelegt?
- Abstimmungen zur gemeinsamen Nutzung mit anderen Unternehmen vorbereitet?
- Welche Parkplätze für Baumaschinen, Schweißplätze, Tank- und Materiallager und Brand- schutzeinrichtungen sind im Einrichtungsplan wo vorgesehen?

Welche Möglichkeiten der Versorgung bestehen?

- Energie: Spannung, Wechsel-/Drehstrom, maximale Leistung des letzten Transformators; Gasdruck, maximale Lieferbarkeit/Tag.
- Trinkwasser: l/min, für Unterkünfte: Tagesunterkunft bis 30 l/Mann,Tag, Wohn- und Schlafunterkunft 40–70 l/AK, Tag)
- Wie erfolgt die Abwasser- und Bauwasserentsorgung?

Sind die persönlichen Voraussetzung für den Bauleiter vorhanden?

- Aufenthaltserlaubnisse, Baustellen-Ausweis, ausländische Fahrerlaubnis, Vollmachten, Baugeld in der Auslandswährung
- persönliche Versorgung, Kommunikationsmittel, Arbeitsschutzmittel, Unterkunft, Adressen und Telefonnummern von Bauherrn und Ansprechpartnern
- Sicherheit für Unterkunft und Unterbringung der Dokumente und der technischen und vertraglichen Dokumentation
- Abschluss der Vorbereitung der Anlaufberatung
- Siehe hierzu Anlage 4 Checkliste Übernahme Bauleitung

2.1.2 Wirkungen der Übernahme

Der entsendende ausführende Betrieb hat durch den Bauleiter den Baustellenbereich vom Bauherrn bzw. vom vorher tätigen Bauunternehmen nachweislich zu übernehmen, um Schaden durch verdeckte Mängel abzuwenden. Der Bauleiter übernimmt dabei eine hohe Verantwortung für die Folgezeit. Übersehene Mängel, Unzulänglichkeiten oder Schäden bedeuten enorme Schwierigkeiten und Mehrkosten in der Zukunft. Im Mittelpunkt stehen folgende Wirkungen

- Mit dem Datum der Übernahme der Bauleitung wird die Verantwortung für die ordnungsgemäße Abwicklung des Vorhabens zu den vorgefundenen Bedingungen durch den Bauleiter übernommen, wenn nicht anders protokolliert.
- Zur Vorbeugung von unerwarteten Störungen ist vorher der Stand der vertraglichen, wirtschaftlichen und technisch-technologischen Vorbereitung zu prüfen. Auch wenn jedes Bauvorhaben andere Anforderungen an den Bauleiter stellt, kann er die Baustelle nicht übernehmen, wenn ihm die notwendigen Projekte, Genehmigungen und Unterlagen fehlen. Er ist doch nach der Übernahme nicht mehr in der Lage, ausreichenden Druck auszuüben.
- Wenn keine Forderungen zur Übernahme der Baustelle durch Bauherrn oder Vorgesetzten erhoben werden, kann die Besetzung der Baustelle und der Beginn von Arbeiten als erfolgte Übernahme gelten. Da ist Vorsicht geboten, weil nach allgemein gültigem Recht damit keine Forderungen erhoben wurden, die vom Bauherrn vor Übernahme hätten erfüllt werden müssen.

Das kann, wenn im Vertrag keine definierte Regelung getroffen wurde, bedeuten:

- Der Vertrag wird wirksam, die Fristen für die Fertigstellung beginnen
- Die Baufreiheitsbedingungen und andere Randbedingungen werden akzeptiert.
- Es gibt keine offenen Forderungen, vorherige Forderungen gelten als erfüllt.
- Es gab keine Behinderungen, gestellte Forderungen des Auftraggebers werden ohne Einspruch bestätigt.

Sollte der Bauleiter aus politischen, taktischen oder strategischen Gründen den Auftrag erhalten, trotz fehlender Baufreiheit die Baustelle zu übernehmen, sollte er das nach Möglichkeit schriftlich protokollieren, mindestens jedoch Name, Funktion, Datum und Zeit im Bautagebuch mit Beschreibung der Situation eintragen.

2.1.3 Ordnung auf der Baustelle

Liegt nicht bereits eine Baustellenordnung des Bauherrn vor, zu der ein Bauleiter nach seinem Wissen Stellung nehmen kann, sollte der Bauleiter für die von ihm zu organisierenden Unternehmen und Arbeitskräfte eine den Bedingungen vor Ort notwendige

Baustellenordnung verbindlich übergeben. Damit kann er nachvollziehbar Ordnung auf der Baustelle einfordern.

Damit erspart er sich viele Appelle an Vernunft und Einsichten, kann statt dessen auf die gemeinsame Willenserklärung zur Baustellenordnung im Vertrag und die daraus ggf. abzuleitenden Sanktionen verweisen. Auf größeren Baustellen mit vielen Unternehmen und häufig wechselnden Beschäftigten wird es notwendig, die Spielregeln von Anfang an zum Vertragsbestandteil zu machen und in einer Baustellenordnung schriftlich vorzugeben und auszuhängen. Das sollte in der Landessprache und der dort allgemein verwendeten Weltsprache erfolgen. Außerdem ist die Baustellenordnung in der Sprache der dem Bauleiter zugeordneten Arbeitskräfte zu vermitteln

Schwerpunkte sind:

- Durchsetzung von Ordnung, Sauberkeit und Sicherheit
- Sicherung der Baustelleneinrichtung, insbesondere der Unterkünfte
- Festlegungen zur Abwicklung der Bau- und Montagedurchführung

Daraus leiten sich folgende Einzelerfordernisse ab:

- Schriftliche Anmeldung der geplanten Ankunft der Beschäftigten der beteiligten Firmen auf der Baustelle bei dem Bauleiter 1 Woche vor dem Einsatzstart
- Schriftliche Meldung der Zahl und Art der mitzubringenden Bauausrüstungen, die für die benötigte Fläche der Baustelleneinrichtung wesentlich sind
- Bestätigung der Voraussetzungen für die planmäßige Erfüllung der Leistungen (Protokoll), insbesondere :vollständige Baufreiheit, geplanter Bestand an Arbeitskräften, Ausrüstungen und Material auf der Baustelle
- Feststellung und Dokumentation des aktuellen Zustands und ggf. fehlender Voraussetzungen nach Begehung der Baustelle durch Projektleitung und die beteiligten Bauleiter.

Regelmäßig hat der Bauleiter die ihm zugeordneten Arbeitskräfte und Firmen zu belehren. Schwerpunkte sind:

- Arbeits- und Gesundheitsschutz, Brandschutz und der sonstigen Schutzbestimmungen einschl. der Schutt- und Müllbeseitigung
- Ordnung, Sicherheit und Sauberkeit
- Einhaltung der Forderungen zum Bautagebuch, zu Fallmeldungen und zu Berichten
- Disziplin, Alkoholverbot, Rauchverbot auf der Baustelle
- Auswertung besonderer Vorkommnisse mit allen Beteiligten

In der Baustellenordnung ist das geltende Arbeitsregime festzulegen:

- Arbeits-, Pausen- und Schichtzeiten
- An- und Abmeldemeldepflicht der Beschäftigten durch den jeweiligen Bauleiter
- Ankündigung von Material- und Ausrüstungslieferungen mindestens einen Arbeitstag

Die Übergaben von Arbeitsbereichen sind erforderlich bei der der Fortsetzung von Arbeiten in einem Bereich der Baustelle durch andere Firmen. Dazu ist ein Protokoll anzufertigen. Die Übergebenden bestätigen mit dem Protokoll:

- vollständige und mängelfreie Fertigstellung ihrer Leistungen,
- vollständige geforderte Baufreiheit und Nutzungsfähigkeit für die Folgearbeiten durch das Folgeunternehmen

Die Übernehmenden bestätigen

- die vollständig erhaltene Baufreiheit für ihre ungehinderte Folgeleistung im erfassten Arbeitsbereich
- die bedenkenfreie Nutzung der Vorleistungen.

Unabhängig davon ist vor Übernahme des Arbeitsbereiches zu prüfen:

- Liegen Dokumentationen des Bestandes an Kabeln, Leitungen, Absteckungen, Messpunkten und die Zeichnungen, die für die Fortsetzung der Arbeiten notwendig sind, vor?
- Stehen die vereinbarten Medienanschlüsse mit ausreichender Kapazität zur Verfügung?,
- Bestehen Mängel und Restleistungen aus Vorleistungen Dritter?
- Siehe hierzu: Anlage 8 Muster „Baustellenordnung"

2.2   Einrichtung der Baustelle vor Ort

2.2.1   Forderungen für die Bauleitung

Je nach

- Leistungsvolumen und Land des Vorhabens
- den Zuständigkeiten und örtlichen Bedingungen
- der Struktur des Vorhabens

hat der Bauleiter sich ausreichende Arbeits- und Lebensbedingungen zu schaffen. Dazu gehören mindestens

- ein Baubüro auf der Baustelle oder in der Nähe mit den erforderlichen Medien-Anschlüssen und einer ausreichenden Büroaustattung; ggf. stabile, isolierte, gesicherte Bürocontainer für Beratungen
- eine eingerichtete bzw. einzurichtende Wohnung in einem besiedelten Gebiet oder einer größeren gesicherten Baustellen-Wohnsiedlung
- ausreichende Kommunikationsmittel, PC mit Internet, Mobil-oder Satelliten-Telefon
- Erprobte Verbindungen zu dem entsendenden Unternehmen, Bauherrn und Polizei

- Notwendige Prüf- und Mess-Mittel
- eine geeignete Transportmöglichkeit, Allrad – PKW, Pickup o. Ä.
- eine ausreichend gesicherte Baustellenkasse

2.2.2 Einrichtung

Die notwendige Baustelleneinrichtung ist vor Baubeginn zu besichtigen und zu planen um

- die notwendige Nutzung für die beteiligten Firmen festzulegen
- Für Unterbringung und Versorgung die Zahl der gleichzeitig auf der Baustelle tätigen Arbeitskräfte zu ermitteln
- die Kosten der Baustelleneinrichtung kalkulieren zu können
- Ausrüstungen, Anlagen und Materialien zum Baubeginn auf die Baustelle zu liefern die Nutzung besonderer Verkehrswege mit Polizei und den Behörden abzustimmen
- Sicherheits-, Brandschutz- und Löscheinrichtungen rechtzeitig zu beschaffen

Zu beachten ist, dass in einigen Verträgen die Baustelleneinrichtung mit dem Beginn der vertraglich fixierten Realisierungsfrist gleichgesetzt wird, ohne dass die volle Baufreiheit bestand. Das ist im Vertrag auszuschließen, weil der Verzug der Leistungen im Verbund mit anderen Firmen schwer aufzuholen ist.

Trotz o. g. Planung hat der Bauleiter nach Eintreffen im Land alle Möglichkeiten zu nutzen, um möglichst einen hohen Anteil des Bedarfes vor Ort abzusichern. Das erfordert, dass er mit genügend Geldmitteln ausgestattet wird und einen zuverlässigen Dolmetscher nutzen kann, wenn seine Kenntnisse der Landessprache zu Verhandlungen nicht ausreichen.

2.2.3 Besondere Bedingungen

Bei Arbeiten im Ausland sind besondere Arbeitsbedingungen zu beachten. Die erforderlichen Maßnahmen sind rechtzeitig zu planen. Begrenzt sind diese auch in Deutschland bei dem Auftreten möglicher Wetter-Extreme anzuwenden:

2.2.3.1 Winterbau-Schutzmaßnahmen

5 °C bis −3 °C	– höhere Nennfestigkeit des Zements und des Mörtels Zuschlagstoffe und Frischbeton abdecken
3 bis-5 °C	– Bauplatz abdecken mit Planen, Strohmatten o. Ä Anmachwasser und Zuschlagstoffe erwärmen,
	– Betonmischer einhausen und beheizen
−5 °C bis −10 °C	– Schalung, Armierung, Schalung und Frischbeton sowie zusätzlich Mauersteine erwärmen Vollwetterschutz, beheizte Einhausung

2.2.3.2 Tropenbau-Schutzmaßnahmen

Schwerpunkte bei einem in Deutschland bisher nicht nötigen Tropenbau bei Temperaturen weit über 50 °C sind:

- Schutz von Plastikteilen, Kabeln, Flüssigkeiten vor Überhitzung durch Lagerung in belüfteten Lagerräumen, mindestens aber durch Abdeckungen vor der Sonneneinstrahlung
- Beachtung des schnellen Abbindens von Beton durch schnelle Anlieferung, Verarbeitung, Wahl eines höherwertigen Zements, eines Verzögerers und entsprechender Mischung bei geprüfter Siebkennlinie und Kühlung mit Wasser nach kurzem Beton-Abbund
- Abdichtung der Räume gegen Insekten, Abdeckung der Fahrzeugscheiben und Anlegen von Atemschutz bei drohendem Sandsturm
- Kontrolle von Ausrüstungen, Kabeltrommeln u. Ä. auf eingedrungene Insekten und Schlangen sowie auf Schäden infolge von Überhitzungen

2.2.3.3 Mehrkosten

Verändert sich ein Bauablauf unerwartet wegen extremer Witterung oder durch andere Ursachen, sind die entstehenden Mehrkosten zu ermitteln, der Mehrbedarf anzuzeigen und die Zahlung umgehend zu klären. Das betrifft besonders:

- Kalkulation der Minderleistung der Arbeitskräfte und der Kosten für Tropen- bzw. Winter-Schutzkleidung der Arbeitskräfte, ergänzende Arbeitsleistungen für zusätzlichen Betrieb und Wartung der Anlagen, Auf-, Abdecken, Sand-, Schnee- und Eisberäumung, Streuarbeiten
- zusätzliche Betreuungskosten, höhere Baustellengemeinkosten
- Kosten für Leihe/Kauf, Aufbau, Vorhalten und Abbau von Ausrüstungen für die Kühlung, Bewässerung, Beheizung, beheizbare oder zu kühlende Einhausungskonstruktionen, Schutzwände, -decken, Lattenroste
- Mehr-Materialpreise für höhere Nennfestigkeiten von Zement, Beton, Mörtel, zusätzliche Planen, Strohmatten, Folien, Wellblech, Sandwichplatten
- Miete für zusätzliche Trockenräume, kühl- bzw. beheizbare Lagerräume für Kabel, Bau- und Hilfsstoffe, zusätzliche Baustellenbüro- und Unterkunftskosten für gekühlte und wärmegedämmte Räume, längere Beleuchtung, Heizung, Kühlung Warmwasserversorgung, Toiletteneinrichtung wegen längerer Nutzung
- Kosten für zusätzlichen Hitze- bzw. Frostschutz für Kabel, Leitungen, Kanäle und Maschinen, zusätzliche Kosten und Risiken für Umschlag-, Transport- und Lagerprozesse

Für besondere Arbeiten bereitzustellen, d. h. auf die Baustelle zu liefern sind:

- Sicherheitsgeschirr zum Schutz gegen Absturz bzw. Personensicherheitssystem
- Augen- und Ohrenschutz, Atem- und Körperschutz

- Signal- und Kommunikationssystem, was von den Unternehmen bereitzustellen und deren Anwendung im Bedarfsfall durchzusetzen ist
- Schweißarbeitsplätze sind mit nicht brennbaren Planen gegen die Nachbararbeitsplätze abzudecken und ausreichend zu belüften. Nach Beendigung der Schweißarbeiten ist eine Nachkontrolle des Umfelds auf mögliche Schwelbrände oder Entzündungen nach Verlassen der Baustelle notwendig.

2.2.4   Sicherung der Baustelle und Baustelleneinrichtung

Unabhängig von einer aktuellen Gefährdung ist der Bereich der Baustelleneinrichtung sorgfältig vor Störungen des Betriebes zu schützen. Die Mindestanforderungen an die Sicherheit der Baustelleneinrichtung sind:

- Einzäunung des Bereiches mit ca. 2 m Höhe und Verhindern des Übersteigens
- Verschließbarkeit der Tore und Eingänge, Container und Lagergebäude, Fahrzeuge
- Eingangskontrolle für Besucher, Lieferungen, Warenausgang. Dabei ist zu beachten, welche Vermögenswerte – gefüllte Silos, gefüllte Kraftstofftanks, Baumaschinen, bewohnte Unterkünfte u. a.- zu sichern sind
- Durchgängiger Bereitschaftsdienst
- Beleuchtung wichtiger Bereiche
- Kontrolle durch Bewegungsmelder und gekoppelter Videoaufnahme
- Alarmeinrichtungen an besonders wichtigen Geräten, Fahrzeugen und der Trinkwasser- und Energieversorgung sowie der Beleuchtung einschließlich Weiterleitung des geprüften Alarms an die Polizei.

Für die allgemeine Verkehrssicherung hat der Bauherr zu achten. Meist überträgt er diese Verantwortung an die Firmen und diese an die Bauleiter. Es gelten die Landesgesetze.

Deshalb hat der Bauleiter auch im Ausland auf die Verkehrssicherung zu achten, um nicht mit Schadenersatzforderungen konfrontiert zu werden. Er hat dafür zu sorgen dass gewährleistet wird, dass Dritte in seinem Verantwortungsbereich nicht in Gefahr geraten. Dazu gehören Nachbarn, Passanten, Bauarbeiter, Besucher, Behördenvertreter, Kinder und Senioren u. a..

Im Vordergrund stehen folgende Aufgaben:

- Einfriedung des Baugeländes und der Baustelleneinrichtung
- Anbringen von Warnschildern in der Landessprache mit Symbolen
- Beleuchtung von Hindernissen an öffentlichen Straßen
- Schilder mit dem Hinweis des Verbotes für das Betreten der definierten, ggf. mit Rot/weiß-Bändern abgesperrten Flächen
- Einhausung von Fußwegen bei Gefahr fallender Materialien oder Bauteile von der Baustelle

Beispiele für mögliche Vorkommnisse sind:

- Gefährdungen durch scharfe Ecken von Bauteilen, die in Verkehrszonen ragen
- Nicht sicher abgedeckte Öffnungen an Wegen, Fußböden, Rüstungen
- Berührungen an frisch gestrichenen oder säurebehandelten Straßenflächen
- Frei verlegte Kabel und Leitungen auf Wegen
- Fehlende Abdeckung von Sandstrahl- und Schweißarbeiten
- Gefahr des Umkippens, Abstürzens von falsch gelagerten Baumaterialien
- Fehlende Einhausung und fehlender Verschluss von Lagern mit gefährlichen Stoffen

Der Bauleiter erfüllt die Verkehrssicherungspflicht durch

- Veranlassung der Kontroll- und Sicherungsmaßnahmen
- Belehrungen und Kontrollen der Einhaltung der jeweils geltenden Vorschriften und deren umgehende Auswertung mit den Beteiligten.
- Abschluss einer Haftpflichtversicherung, soweit im Lande möglich

Baustelle

3

3.1 Leitung

3.1.1 Kommunikation

Zwischen Baustelle und Unternehmen sind eine periodische Berichterstattung und eine ständig mögliche Kommunikation erforderlich. Dabei ist bei Berichten zu beachten, dass

- die Informationen nicht Dritten zugänglich sind, also sicher transportiert werden
- der Fachtext direkt dem zuständigen Leiter vermittelbar ist
- die Ausführungen kurz aber ausreichend sind, wenn daraus Entscheidungen folgen
- zu regelmäßigen Terminen vereinbart werden
- die Berichte den Bauleiter nicht zeitlich überfordern

Bei der telefonischen Kommunikation bzw. per Fax, Mobiltelefon und Internet sollten für regelmäßige Gespräche vorwiegend feste Zeiten vereinbart werden, die mögliche abweichende Zeitzonen besonders bei Konferenzschaltungen berücksichtigen. Siehe hierzu Anlage 18 „Internationale Vorwahlen" und „Weltzeit".

Hauptthemen sind:

- Stand der Realisierung, der Terminerfüllung, der Schwierigkeiten, der Abnahmen
- Verhaltensweisen des Auftraggebers und der Kooperationspartner
- Besondere Vorkommnisse im Land, Veränderungen der Situation, Krisen
- Wegen möglicher Abhörmaßnahmen sollten für persönlich definierte Angaben, Mängel und bestimmte Handlungen jeweils vorher Code-Wörter vereinbart werden.

© Springer Fachmedien Wiesbaden 2016
K. Micksch, *Bauleitung im Ausland*, DOI 10.1007/978-3-658-13903-2_3

Auf der Baustelle ist eine durchgängige Information zu organisieren, was besonders durch folgende Maßnahmen erfolgt:

- Schriftliche Belehrungen des Teams zu allen nachweispflichtigen Informationen mit Angabe des Inhalts, Anlasses und mit den Unterschriften der Teilnehmer
- Stabiles Kontrollregime durch regelmäßige Rapporte, zwingend festgelegte Sofort- oder Fallmeldungen, Umlauf-Informationen, sonstige schriftliche Informationen
- Vorbildwirkung des Bauleiters bei der Weiterleitung von Informationen, der Beantwortung von Anfragen und der Verfolgung von abgestimmten Maßnahmen

Um mögliche Zustände, Zusammenhänge und Störungen des Bauablaufes nachvollziehbar zu gestalten, ist eine durchgängige Beweissicherung erforderlich. Dabei erfolgt durch den Bauleiter die Auswahl der jeweils geeignete Methode der Nachweisführung Dazu gehören:

3.1.1.1 Auswertung von Beobachtungen
Durch Sicherung der „Tuchfühlung" mit den beteiligten Firmen und Nutzung der Anlässe zum rechtzeitigen Erkennen sich anbahnender Störfälle können Schäden vermieden/abgewendet werden

- Vorausschau möglicher Störfälle durch eine vorbeugende Ablaufplan – Kontrolle
- Kontrollvergleich der erforderlichen und der eingesetzten personellen und technologischen Kapazitäten
- Ungenügende Zahlungsmoral gegenüber beteiligten Firmen oder Dritten
- Umbesetzungen von Arbeits-, Koordinierungs- und Führungspersonal
- Einsatz anderer, ungeplanter minderwertiger Materialien und Ausrüstungen
- Siehe hierzu Punkt 3.2.1 „Typische Störungen"

3.1.1.2 Bauberatungen, Rapporte
Zur Durchführung von Bauberatungen bestehen folgende Schwerpunkte:

- Der Bauleiter organisiert die einheitliche, straffe Leitung der beteiligten Teams
- Er beteiligt sich und seinen Vertreter an einem operativen Leitungsdienst der Baustelle.
- Er unterstützt die Motivation aller Beteiligten für die Einhaltung von Disziplin, Ordnung, Sauberkeit und das rechtzeitiges Erkennen von Konfliktsituationen sowie, eine ideenreiche, konsequente und teamorientierte Lösung der Konflikte.
- Dabei veranlasst er eine rechtzeitige und koordinierte Errichtung der Baustelleneinrichtung, der Festlegung der Verkehrswege und Lagerplätze, der Einholung von behördlichen Genehmigungen und der Übergabe aller notwendigen Angaben der beteiligten Unternehmen.
- Er beteiligt sich an der Organisation eines straffen Informationsaustausches bei Unfällen, Brand, Havarie, außergewöhnlichen Vorkommnissen, Evakuierungen, zu Beginn und Ende der Arbeiten, zu Baufreiheiten, Anzeigenbearbeitung, Aufmaß – Ermittlungen, Maschinen- und Kraneinsatz

- Er veranlasst die Festlegung geeigneter Maßnahmen zur Baustellensicherheit, Bewachung, Einfriedung und zu den Verpflichtungen der beteiligten Unternehmen sowie zur Kontrolle der auf der Baustelle tätigen Arbeitskräfte
- Er beteiligt sich an der rechtzeitige Planung und Organisation der Arbeiten für den Fall ungewöhnlicher Witterungen oder für die Abwendung von Beschädigungen in Erwartung von Wirbelstürmen, für Unterbrechungen oder bei der Nichterfüllung vertraglicher Pflichten eines beteiligten Unternehmens
- Er veranlasst die kurzfristige und durchgängige Auswertung von Verletzungen der Ordnung, Sicherheit und des Arbeits- und Gesundheitsschutzes, von Unfällen, Störungen des Bauablaufes und Krisensituationen in den Bauberatungen.

3.1.1.3 Rapportregime

Eine umfangreiche Baustelle wird üblicherweise im Rahmen eines Rapportregimes geleitet:

- Die Teilnahme der Bauleiter an den periodischen Rapporten des Oberbauleiters ist vertragliche Pflicht. Verletzungen dieser Pflicht führen wegen der damit verbundenen Behinderung bzw. Gefährdung der Gesamtkoordinierung des Ablaufes zu pauschalen Sanktionen, die vorher bekannt gegeben werden.
- Besondere Vorkommnisse sind sofort dem Bauleiter, verbunden mit Vorschlägen für die nächsten Schritte unabhängig von anderen Umständen, zu melden.
- Besteht Gefahr für die Beschäftigten haben sofortige direkte Rettungsmaßnahmen Vorrang.
- Die Tagesberichte gemäß Bautagebuchführung sind täglich, spätestens jedoch zum nächsten Rapport zu übergeben, wenn dafür vertretbare Gründe vorliegen.
- Im Rapport hat jeder Bauleiter über den Fortgang der Arbeiten, über Behinderungen, die begründete Vorschau zu berichten, die sich aus Sicht des Ablaufplanes und der dabei vereinbarten „Meilensteine" ergibt.
- Parallel zu den Berichten im Rapport sind Leistungsnachweise zur Bestätigung durch den Bauleiter einzureichen, auf deren Basis durch Soll – Ist – Vergleiche eine direkte Bewertung und damit die Abschlagszahlungen erfolgen können.
- Auf Forderung des Oberbauleiters haben die Bauleiter bei spontanen Kontrollen den Nachweis der arbeitsrechtlich ordnungsgemäßen Beschäftigung von Ausländern durch Vorlage der entsprechenden Genehmigungen abzusichern. Dazu sind vorher Art der Arbeits- bzw. Aufenthaltserlaubnis und die im Land dafür zuständige Behörde zu ermitteln.
- Siehe hierzu Anlage 9 Muster „Rapportordnung"

3.1.1.4 Fallmeldungen

Bei besonderen Vorkommnissen auf der Baustelle ist sofort der Vorgesetzte bzw. das Unternehmen per ständig erreichbarer Sonder-Adresse in Kenntnis zu setzen. Dazu gehören besonders:

- Polizeiaktionen, Streiks, schwere, gefährliche Auseinandersetzungen, Konflikte
- Einbruch, Diebstahl, Brand, schwere Störungen des Bauablaufes
- Bedrohung des Teams, schwere Erkrankungen im Team, Unfall, Verletzungen

- Fehlen wichtiger Anlagenteile und Baustoffe, fehlende/verspätete Lieferungen
- Erhaltene Informationen über Insolvenzen, fehlende Liquidität, Streiks bei beteiligten Firmen
- Anzeigen, Beschwerden, Beschuldigungen gegenüber der Bauleitung

Aus Sicherheitsgründen können für ausgewählte Informationen harmlose Schlüsselwörter vereinbart werden.

3.1.2 Verhandlungen

Auf Baustellen kann ein Bauleiter schnell in die Lage versetzt werden, für sein Unternehmen je nach Status Verhandlungen zu führen, die weitreichende Folgen haben können. Außerdem haben Gespräche in Rapporten und Bauberatungen oft Verhandlungscharakter. Deshalb ist ein Basiskonzept wichtig, das folgende Hinweise enthält:

3.1.2.1 Vorbereitung

- Analyse von Anlass, Teilnehmer, Ort, Zeitpunkt, Ziel der Verhandlung
- Was weiß ich von meinem Partner: Ausbildung, Familie, Alter, Stellung, Kultur, Vorlieben in Freizeit/Sport/Kunst/Urlaub/Hobby, Interessen, Probleme, Gewohnheiten, Charakter (anständig, ehrlich, vertrauenswürdig, fair, zuverlässig, diskret), Verhandlungsweise, Befürchtungen, Kompromissbereitschaft, Geltungsbedürfnis
- Was weiß er von mir: meine Ziele, Hintergrund, Kultur, Erwartungen
- Welches Machtverhältnis besteht im Vergleich zu mir, Augenhöhe oder Bittsteller
- Bewertung der zu beachtenden gesellschaftlichen, kulturellen Bedingungen des Unternehmens und der Region, Sitten, Gebräuche, Rolle, Einflüsse, Stärken, Schwächen, Abhängigkeiten, landesspezifische Besonderheiten der Verhandlungsführung, Finanzkraft, Kapazitäten, Auslastung, Konkurrenzsituation
- Politische Themen setzen die politische Heimat des Gegenüber voraus, oft sind die Gegenüber stolz auf ihr Land, ihre Fahne und Geschichte, die man zuvor gut kennen sollte, um nicht anmaßend zu wirken
- Bewerten der Stellung des Partners: soziale, religiöse, politische Haltung, Status im Unternehmen, Vollmachten, Stellung zu Vorgesetzten und Mitarbeitern, mit welchen Abneigungen, Interessen, von welchen Personen und Einstellungen ist er abhängig, wie sicher ist seine Position in der Zukunft, was braucht er für sein Prestige?
- Bewerten der Verhandlungsposition des Partners: mit welchen Anschauungen des Partners zum Verhandlungsgegenstand ist zu rechnen, was sind die von ihm zu erzielenden Mindestergebnisse bzw. Zielstellungen, mit welchen Einwänden ist zu rechnen, mit welchen Lösungen und Vorschlägen rechnet er, welche Alternativen bestehen?
- Bewerten der eigenen Verhandlungsposition: Kenntnis der Stellung und der Leistungen des eigenen Unternehmens auf dem Markt und der Konkurrenz, Stärken, Schwächen, Risiken, welche Mindestergebnisse sind zwingend, wo sind welche Zugeständnisse möglich?

- Lösungen, Einwände vorbereiten mit Berechnungen von Vor- und Nachteilen,
- Organisation: Datum, Zeit, Dauer, Ort, Teilnehmerzahl, Sitzordnung, Sprache
- Konzept: wie eröffnen, welche Argumente in den Vorder- bzw. Hintergrund, Teilziele, Einwandprognose-Erwiderungtaktik, welche Ansatzpunkte
- Festlegen wer spricht zu was, wer übernimmt bei Konflikt, eigene Team-Disziplin
- Angenehme äußere Erscheinung/Persönlichkeit, Haare, Nägel, Schuhe, Haltung,
- Positive Ausdrucksweise, aktive Aussagen, keine Substantivierung, Begrüßung in der Landessprache, Dolmetscher einladen
- Religion ist kein Thema für Geschäftsverhandlungen, es wären zuviel Nuancen im Vorfeld zu klären, um nicht beleidigend zu wirken
- Reaktion auf ausgeprägte, oft beabsichtigte Unpünktlichkeit der Partner vorbereiten
- Arbeitsunterlagen geordnet, vollständig, sauber

3.1.2.2 Vereinbarung zur Verhandlung

- Begründung, Ankündigung der Einladung, Treffen-Motivation erreichen
- Verhandlungspartner stets mit Namen ansprechen
- Beschreibung der Besucher/Teilnehmer, Status, Sprache/Dolmetscher,
- Termin, Ort nach Alternativmethode (können wir… vorschlagen)
- Verweis auf gemeinsame Interessen, bescheiden, bestimmt, selbstbewusst vereinbaren
- Verabredung eindeutig, wiederholen

3.1.2.3 Durchführung der Verhandlung

- Kontaktphase: landesüblich begrüßen, Namen nennen, Visitenkarten tauschen, Themen sind Wetter, Sportereignisse, Urlaub, Erlebnisse im Land, Hobby, Technik, Musik,
- Small talk, Einstieg mit Gemeinsamkeiten, Erreichen gegenseitiger Akzeptanz, besonders England, ehemalige englische Kolonien
- Sachverhandlung: Methode AIDA: **A**ttention/Aufmerksamkeit erzeugen, **I**nterest/ Interesse aufrecht erhalten, **D**esire/Wunsch wecken, äußern(Mängel beseitigen, Termin ändern, Kauf, Verkauf), **A**ction/Ziel erreichen
- Einbau von Pausen für Zwiegespräche außerhalb der anderen Teilnehmer
- Abschlussverhandlung: Verabschiedung als Basis für ein Wiedersehen
- Nachbereitung: Informationsauswertung, Speichern der Personendaten, Kontakt halten

3.1.2.4 Verhandlungstechniken

- Fragen: wer fragt behält die Initiative, während Antwort kann weiter überlegt werden, wer fragt führt, aktiviert, bricht Widerstand, wertet eigene Person auf, vermeidet Streit
- Informationsfrage/Wie war..; Suggestivfrage/Sie sind doch auch…; positive Alternativfrage /Wollen Sie..oder..;
- Offene Fragen, geschlossene Fragen – ja/nein- möglichst vermeiden, Gegenfragen nutzen oder mehrere „sokratische" Fragen, die mit ja beantwortet werden müssen (Sinneswandel) „Was meinen Sie mit"

- Zuhören: aktiv, aufmerksam, Blickkontakt, registrieren, analysieren, konzipieren, nicht werten, belehren oder moralisieren, Anknüpfungspunkte suchen, Kopfnicken
- Positive Beweisargumentation, Kundenbedürfnis, Kundennutzen, Sie werden gewinnen
- Überzeugendes Verhalten, objektive Gründe vom Partner richtig beobachtet, Meinung anerkennen, Wissen loben, Referenzen vorstellen
- Vorsorglich zu erwartende Kritiken vergangener Arbeit entkräften, nicht mehr möglich
- Anschaulich demonstrieren: hören, sehen, fühlen, beweisen, nachempfinden lassen
- Gemeinsamkeiten betonen, wir-Bezug, Verständnis, Problemberatung
- Geduld, nie echte Verärgerung oder Nervosität anmerken lassen
- Kleine Schritte nach vorheriger Feststellung der Wirkungen, vorher geprüfte Zugeständnisse geben und fordern, ggf. zur Ermüdung
- Böser Vertreter übergibt Verhandlung bei drohendem Abbruch an „guten" Vertreter
- Schlechte Nachricht-gute Nachricht, Inhalt prüfen, ggf. verschieben, offen halten
- Schaffen einer positiven Verhandlungs-Atmosphäre, normal geheizte Räume
- Einwandbehandlung: Rückfragen, Nachteil-Vorteil; Ja-aber; Vorwegnahme des Einwands; Umkehrungsmethode für Zweifel; Rückstellen, Ablenken, nie widersprechen, freundlich und aufmerksam zuhören, auf Körpersprache achten
- Vermeiden von Konjunktiven, wenn es nicht um „weiche" Vorschläge geht und unklaren Wörtern wie eventuell, vielleicht, eigentlich, üblicherweise, in der Regel, normalerweise, weil sie Unsicherheit dokumentieren
- Verhandlungsposition stark: hart bleiben, aber dem Partner das „Gesicht" lassen, auch scheinbar nicht verhandeln wollen, aber Alternativen beraten, bessere Lösung anfordern

3.1.2.5 Körpersprache

Neben der verbalen Kommunikation zeigen Personen stets auch non verbale Signale. Diese können die Aussage verstärken, sie dienen oft als Sprachersatz und als unbewusste oder auch als bewusste zielgerichtete soziale Aktion. Der Einsatz der Körpersprache ist damit ein entscheidender Faktor für den Erfolg des Bauleiters in der Kommunikation. Er sollte auf die Reaktion seines Gesprächspartners achten und sich bemühen, beispielsweise eine ablehnende Haltung und negative Meinung nicht durch seine Körperhaltung zu früh zu äußern oder zu verstärken.

Bereiche sind:

3.1.2.6 Mimik

Mit der unbewussten oder bewussten Mimik, d. h. mit verschiedenen Bewegungen von Stirn, Augenöffnung, Mundwinkeln, Atem, Haltung der Nase und des Kopfes kann ein Mensch Haltungen und Meinungen ausdrücken. Es kann Teilnahme, Zustimmung, Konzentration, Freude aber auch Ablehnung, Verärgerung, Geschocktsein und Hass ausgedrückt werden.

Daneben bestehen kulturell und landesspezifisch bedingte Besonderheiten in der Körpersprache:

- Kopfschütteln kann in Griechenland, Bulgarien und Indien als „Ja" gewertet werden
- Daumen- und Fingerbewegungen drücken oft sehr gegensätzliche Meinungen aus

- Handschlag ist inzwischen im Arbeitsbereich weltweit üblich, der Händedruck ist aber sehr unterschiedlich und meistens kurz und fest mit Blickkontakt/positiv
- Frauen wird es oft überlassen, wenn und wem sie die Hand reichen
- Kopfnicken oder leichtes Beugen bei der Begrüßung ist in Asien allgemein üblich
- Beine übereinander schlagen bei Männern erscheint teilweise abwegig, unanständig
- Siehe hierzu Ruch, Norman (2012) Körpersprache Tandem Verlag

3.1.3 Personalführung

3.1.3.1 Auswahlmethoden
Wird ein Bauleiter im Unternehmen an der Auswahl der Mitarbeiter seines Teams beteiligt, was wünschenswert ist, gibt es unterschiedliche Methoden:

- Direkt: Gespräch und Auswertung des Bewerbungsverhaltens nach Auftreten, Ausbildung Erfahrung, Zielstrebigkeit, sprachlichem Ausdruck, Gesundheitszustand
- Indirekt: Lebenslauf- und Zeugnisanalyse, Ordnung, Übersicht, Vollständigkeit
- Teambezogen: Gruppengespräch, Prüfen der Stressverträglichkeit, Dominanzverhalten, Kooperationsfähigkeit, Flexibilität, Urteilsfähigkeit, Risikoverhalten in Rollenspiel, Verträglichkeit der Mitglieder untereinander

Für die bei der Auswahl zu stellenden Anforderungen bestehen folgende Schwerpunkte, die auch für die Auswahl des Bauleiters gelten:

- Qualität der Arbeit: gewissenhaft, gründlich, sorgfältig, zuverlässig// ungenau, gleichgültig, unzuverlässig, ohne Sorgfalt, flüchtig; den Anforderungen gewachsen//nicht gewachsen
- Quantität der Arbeit: höchstmögliche Menge ohne hastig zu sein, termingerecht, erwartete Menge//nur durchschnittliche Menge .... erfüllt; Termine eingehalten//überschritten
- Leistungs-, Einsatzbereitschaft:vorhanden//begrenzt, fehlt
- Entscheidungsfähigkeit ausgeprägt //fehlt, an Zusammenhängen; an Weiterbildung und Verantwortung interessiert//uninteressiert,
- Selbstständigkeit: stets/sehr/im allgemeinen//wenig/nicht selbständig; ideenreich; arbeitet ohne Anleitung//überwiegend nur mit Anleitung; leichte/wenig//schlechte Auffassung
- Initiative vorhanden,bewiesen//begrenzt auf..,fehlt
- Teamfähigkeit: kollegial//unkollegial; hilfsbereit, beherrscht, kontaktfähig; zur Teamarbeit bereit//kein Verständnis/nicht bereit, rechthaberisch, streitsüchtig, eigensinnig
- Kenntnisse: Fachkenntnisse und Kenntnisse über Organisation und Sicherheitsregeln umfassend/solide//durchschnittlich/lückenhaft/unzureichend; Anwendung vorbildlich// unzureichend
- Fertigkeiten: praktische Fertigkeiten überdurchschnittlich//begrenzt, Unterstützung, Anleitung und Unterweisung unnötig, Organisationstalent //gelegentlich/ stets nötig,

- Führungseigenschaften: überzeugt/kann überzeugen//keine Autorität; geistig wendig ausgeglichen//gehemmt/subjektiv; arbeitet kostenbewusst/wirtschaftlich//aufwendig
- Sonstige Eigenschaften: aktiv/passiv, optimistisch/pessimistisch, ehrgeizig/gleichgültig, zielstrebig/verspielt, hilfsbereit/egozentrisch, sentimental/gefühlsarm, vorsichtig/ leichtsinnig, schlagfertig/gehemmt, sachlich/emotional, formal/situationsorientiert, starr/beweglich, kreativ/nachahmend, schwatzhaft/verschwiegen, selbstbewusst/schüchtern, geltungsbedürftig/gleichgültig, dominant/einordnend, spontan/ träge, vielseitig/einseitig, fachkundig/ laienhaft, unruhig/unbeweglich, niedergeschlagen/ ausgelassen, lebendig/ruhig, aktionsorientiert/planend, lernorientiert/intolerant, witzig/trocken, modern/zeitlos, fröhlich/ traurig, farbig/farblos, warm/kalt, dynamisch/statisch, imposant/bescheiden, vertraut/fremd
- Als Persönlichkeitsprofil können folgende Eigenschaften verglichen werden, die für die Beurteilung von Personen durch den Bauleiter geeignet sind: Freundlich/verbittert, starr/ labil, arrogant/kumpelhaft, ausgeglichen/unausgeglichen, ausgelassen/niedergeschlagen, optimistisch/pessimistisch, kreativ/nachahmend, witzig/trocken, verschwenderisch/geizig, leichtsinnig/ vorsichtig, aktiv/passiv, ehrgeizig/gleichgültig, vielseitig/einseitig, geschwätzig/schweigsam, tolerant/intolerant, schwatzhaft/verschwiegen, sachlich/emotional, selbstbewusst/schüchtern, schlagfertig/ gehemmt, geduldig/ungeduldig, sentimental/gefühlsarm, verantwortungsfreudig/ verantwortungsscheu, kompromissbereit/kompromissunfähig, geltungsbedürftig ja/nein, verletzlich/kaum zu erschüttern, verträumt/draufgängerisch, egoistisch/egozentrisch

Bei der Auswahl ausländischer Hilfskräfte, die oft bei Sammelstellen an der Straße erfolgt, ist auf Folgendes zu achten:

- Gepflegtes, freundliches Aussehen/Auftreten
- Körpergröße und Kraft nach Bedarf auswählen, nicht zu schwach oder zu stark
- Keine zu dominant wirkende Personen wählen, sie könnten einen negativen Kern bilden und andere zu Störungen veranlassen, die schwer ermittelbar sind
- Gesondert über vertraute Personen zuverlässig wirkende Vorarbeiter aussuchen

Stets hat ein Bauleiter aber ein ihm unterstelltes Team positiv für eine erfolgreiche Arbeit zu motivieren. Bewusst motivieren heißt:

- innere Bedürfnisstrukturen der Mitarbeiter erkennen
- die für die Mitarbeiter wirkenden äußeren Umstände zu erfassen und beachten
- die Mitarbeiter für die Ziele begeistern, Emotionen wecken
- ihre Wünsche fördern, Willenskräfte stärken, Ausdauer erzielen
- eigenes Vorbild, gesundes Verhältnis autoritärer/kooperativer Führung
- Überzeugung eine sehr gute Sache zu vertreten, überzeugende Ziele setzen
- Bewusstsein, Teil einer positiv wirkenden optimistischen Organisation zu sein
- Achtung und Respekt im Team und nach außen zu genießen
- Gefühl, mit Rat und Tat nützlich zu sein, sich zu engagieren

- eigene Unabhängigkeit und Selbstständigkeit zu besitzen, Initiative ergreifen
- Sicherheit einer ehrlichen, freundlichen und höflichen Behandlung
- Gefühl, nicht allein zu sein und Hilfe aus dem Team zu erhalten, positiv zu denken
- Menschen sind Mitstreiter im Zentrum meiner Arbeit
- wissen, dass ich so wichtig bin wie die Gesellschaft, für die ich tätig bin
- wissen, dass mein Erfolg ein Erfolg des Unternehmens und der Erfolg des Unternehmens auch mein Erfolg ist

3.1.3.2 Motivationstechniken

- Suchen/Wählen Sie ein unbefriedigtes Bedürfnis, fragen Sie nach Zielen
- Überlegen Sie sich Mittel, Wege, Verbündete, um die Wünsche zu erfüllen
- Geben Sie ein erfüllbares Versprechen mit Bedingungen und einen Anreiz
- Werten Sie das Ergebnis wirksam aus und erfüllen Sie das Versprechen
- Anerkennen Sie sein Handeln

3.1.3.3 Anerkennungskriterien

- Selbst Anerkennung aussprechen, nicht über Dritte, unmittelbar nach erfolgter Leistung
- Persönlich, unter vier Augen, um Demotivierung Dritter zu verhindern möglich
- Angemessenes Lob, ansonsten Wirkung ironisch, unwirksam, beleidigend
- Nicht pauschal sondern konkret mit Einzelheiten begründen
- Lob und Tadel trennen, sonst nur Vorwand für Kritik
- Öfters die Tagesarbeit bestätigen, statt auf Sonderleistungen zu warten
- Aufwand, widrige Baustellenbedingungen und Ergebnis beachten

3.1.3.4 Selbstmotivierung (z. B. eines Bauleiters)

- Besser sich selbst motivieren, an sich glauben als sich mit Selbstbefehlen quälen
- Selbst erfüllbare Ziele zur Erfüllung eines Wunsches setzen und erreichen
- Müdigkeit ist nach körperlicher, seelischer oder geistiger Ursache zu prüfen
- Gezielte Aktivitäten zur Überwindung einleiten, durchführen, abhaken
- Nutzung der Informationswege, Kooperations- und Entscheidungsbereitschaft
- Achten auf Vertrauensauslöser und reale Wirkung auf den Gesprächspartner
- Äußeres: Kleidung, Haltung, Pflege, Takt, Freundlichkeit
- Körpersprache: Mimik, Gestik, ruhige Körperhaltung, Sprache, Abstand beachten
- Kompetenz: Fachwissen, Problemwissen über Partnersituation erweitern
- Wir-Wortwahl, Gemeinsamkeiten, Kontaktpflege, Sitzordnung beachten
- Vor Konflikt-Beratungen selbst durch Musik, Natur, Bekannte nach außen in entspannte, freundliche, aufgeschlossene und aufmerksame Haltung bringen

Dazu gilt es Folgendes zu beachten:

- Das eigene Vorbild in Leistungswille, Haltung bei Schwierigkeiten, Disziplin, Ordnung und Sauberkeit im Umgang ist eine Grundvoraussetzung für die beabsichtigte Wirkung und den Erfolg.
- Durch ein gesundes Verhältnis von notwendiger autoritärer zu möglicher kooperativer Führung hat er auf Achtung und Respekt im Team zu achten.
- Er hat die Teammitglieder zu überzeugen, eine sehr gute Sache zu vertreten, ein wichtiges Glied in der unternehmerischen Organisation zu sein und dass der Erfolg des Unternehmens auch sein Erfolg ist.
- Er hat dem Team das sichere Gefühl zu geben, dass er bei Schwierigkeiten einzelner Mitglieder stets mit Rat und Tat zur Seite steht,
- Er hat die Arbeitsaufgaben klar zu definieren, konsequent nach Quantität, Qualität und Terminerfüllung zu kontrollieren und auszuwerten.
- Lob und Tadel sollten in Einzelheiten begründet werden, stets getrennt und gefühlsbetont auch im normalen Tagesgeschäft persönlich erfolgen.
- Verletzungen der Sicherheitsvorschriften, des Alkohol- oder Rauchverbots o.Ä. sind klar und umgehend in Anwesenheit von Zeugen mit Darstellung der Folgeschritte zu definieren und ggf. sind arbeitsrechtliche Folgen zu veranlassen.
- Stellt der Bauleiter fest, dass das Arbeitsklima durch eine Person oder besondere Baustellenbedingungen gestört wird, sollte er ohne Verzug sachlich auf Klarstellung und Begründung sowie höflich aber bestimmt auf einer Lösung des Konfliktes bestehen.
- Um die Teammitglieder für die gemeinsamen Ziele zu begeistern, sollte er ihre jeweiligen Interessen und Bedürfnisse erkennen und Höhepunkte wie Richtfeste, Abnahmen, Grundsteinlegungen bewusst zur Vorfreude auf neue Ziele organisieren.

3.1.3.5 Konfliktschlichtung

Unter teilweise extremen Baustellenbedingungen sind sich steigernde Konflikte zwischen den beteiligten Arbeitnehmern nicht ausgeschlossen. Da gilt es für den Bauleiter schlichtend einzugreifen, ohne die Aggression auf sich zu ziehen. Aus einer Distanz sollte er auf jeden körperlichen Kontakt und auf auf Gefühlsäußerungen verzichten, bei einem tätlichen Angriff aber kurz und entschlossen abwehren, andere Beteiligte zur Abwendung des Streits auffordern, die Auseinandersetzung aber nicht einseitig fortsetzen.

Eine Kündigung eines Arbeitnehmers kann aus folgendem Grund erfolgen:

- personenbedingt: Die Person erhielt keine weitere Aufenthalts- oder Arbeitsgenehmigung, er war längere Zeit krank (max > 18 Monate), die Prognose für die Gesundheit ist negativ
- verhaltensbedingt: Schlechtleistung, Undiszipliniertheit, trotz Abmahnung und schriftlich geforderter Stellungnahme, betriebsbedingte Kündigung, Arbeitsplatz entfällt

- außerordentlich: Veruntreuung, Verstoß gegen Landessitten, drohende Gefängnisstrafe in einem religiös definierten System

Vor einer Kündigung ist Folgendes zu prüfen:

- Ist das Fehlverhalten eindeutig belegbar und beschreibbar, liegen stichhaltige Beweise als Zeugenaussagen oder Protokolle vor, wann und zu welcher Zeit erfolgte es?
- Welche vertraglichen Pflichten wurden verletzt?
- Welche Personen waren beteiligt und können das Fehlverhalten bezeugen?
- Wann und wofür liegt bereits eine Abmahnung vor, wurde diese in die Personalakte aufgenommen, wurde der Erhalt der Abmahnung schriftlich bestätigt?
- Liegt eine vertragliche Vollmacht zur Kündigung für den Bauleiter oder die Unterschrift des kündigungsberechtigten Vorgesetzten vor?

Bei einem Aufhebungsvertrag mit beidseitiger Unterschrift entfällt jede Kündigungsfrist, er ist frei vereinbar, sollte aber mindestens enthalten

- Zeitpunkt, Datum
- betreffenden Arbeitsvertrag und Zusatzvereinbarung
- Zahlungsübernahme für Rückreise, Urlaubsanspruch, sonstige Kostenübernahme
- Rückgabebestätigung für Arbeitsmittel, Schlüssel, Ausweise, Unterlagen
- Verpflichtung zur Bewahrung von Betriebsgeheimnissen

3.1.3.6 Kündigung eines Mitarbeiters
Um arbeitsrechtliche Fehler und Prozesse zu vermeiden, ist Folgendes zu beachten:

- zuerst Abmahnung mit dem Hauptdelikt, um Neben-Schauplätze abzuwenden
- notwendiger Nachweis der objektiven Verletzung von Pflichten des Arbeitsvertrages

zum Beispiel:

- Sicherheitsvorschriften nicht eingehalten
- Alkohol- und Rauchverbot ignoriert
- Arbeitsunterbrechung, -verweigerung
- unerlaubte Nebentätigkeit
- widerrechtliche Nutzung betrieblicher Ausrüstungen
- schriftliche oder mündliche (mit vertrauenswürdigen Zeugen) Definition der Pflicht-verletzung, verbunden mit dem warnenden Hinweis auf arbeitsrechtliche Folgen:
  - Umsetzung, Kündigung, Schadenersatz o. ä.
  - Schritte sind nicht notwendig, wenn Weiterbeschäftigung nicht mehr zumutbar
  - Diebstahl, Betrug, Beleidigung u. a.
  - Vertragsverletzungen „verbrauchen sich" nach 1 bis 3 Jahren

3.1.3.7   Freizeitgestaltung

In einer fremden Umwelt ist für das Team eine angenehme Freizeitgestaltung zum Erhalt einer guten Stimmung und einer konstruktiven Arbeitsatmosphäre sehr wichtig. Je nach den vorhandenen Möglichkeiten sind folgende Maßnahmen zu empfehlen:

- Gemeinsame Abende mit Abendmahlzeit, Nachrichten, Sportsendungen
- Gemeinsamer Sport, Laufen, Wandern, gemeinsame Ausflüge in die Umgebung
- Gemeinsame Spiele, Kartenspiele, interner Wissens-, Sport- oder Schachwettbewerb
- Treffen des Teams mit anderen Teams und gemeinsames Essen
- Gemeinsamer Besuch von Ausstellungen, Museen, Kulturveranstaltungen

3.1.4   Arbeits- und Gesundheitsschutz

3.1.4.1   Allgemeine Hinweise

Der Bauleiter trägt die Verantwortung für den Arbeits- und Gesundheitsschutz der ihm anvertrauten Mitarbeiter. Die allgemein anerkannten Regeln der Technik basieren auf den wissenschaftlichen, technischen und handwerklichen Erfahrungen, die den Beteiligten durchweg bekannt und von diesen als richtig und notwendig anerkannt werden. Obwohl diese nur für Deutschland bzw. Europäische Union verbindlich sind, können sie als Maßstab für einen hohen Schutz auch im Ausland dienen. Es können jedoch jederzeit auch vom Bauherrn an den Bauleiter unter Umständen von der jeweiligen Landesbehörde zusätzliche Forderungen gestellt werden. Allgemein sind folgende Gesundheitsgefährdungen zu beachten, die Gegenstand von situationsbezogenen Belehrungen auf der Auslandsbaustelle werden sollen:

3.1.4.2   Mechanik

- Bewegte Maschinen und Anlagenteile ohne Schutzvorrichtungen
- Bewegte Transporteinrichtungen ohne frei gehaltene Fahrbahn
- Gefährliche Flächen, rutschige Böden, Stolperstellen
- Bauteile und Materialien, die rollen, kippen, gleiten, fallen, fliegen, pendeln können
- Elektrostatische Aufladungen von Stäuben

3.1.4.3   Gefahrstoffe

- Chemische Giftstoffe, Flüssigkeiten, Dämpfe, Gase
- Biologische Stoffe mit Bakterien, Parasiten, Pilzen, Viren
- Feinststoffe, Stäube, Nebel

3.1.4.4   Hitze oder Kälte

- Heiße oder kalte Oberflächen von Bauteilen, Behältern oder Materialien
- Heiße oder kalte Flüssigkeiten, Dämpfe, Gase
- Heiße oder kalte Feinststoffe, Stäube

3.1.4.5 Elektrizität

- Statische Aufladungen
- Lichtbögen in Arbeitsnähe
- Berührung stromführender Teile
- Aufenthalt in Hochspannungsnähe

3.1.4.6 Schädigende Arbeitsumgebung

- Fehlende Beleuchtung, verschiedene Strahlung
- Lärm, Vibration
- Klima, Luftbewegung
- Hohe Prozessgeschwindigkeit
- Absturzstellen

3.1.4.7 Physische Belastung

- Überhöhte Kraftanstrengung, Verletzung
- Erzwungene, ungewöhnliche Körperhaltung
- Anhaltendes Heben und Tragen von schweren Lasten
- Schwere Handhabung von Stellgliedern in Anlagen

3.1.4.8 Psychische Belastung

- Langzeitig notwendiges Wahrnehmen von Signalen, Informationen, Symbolen
- Arbeiten bei fehlender Qualifikation oder ohne Anleitung
- Mangelhafte soziale Arbeits- und Lebensbedingungen
- Mängel der Arbeitsteilung, Arbeitszeit, Pausenregime
- Mangelhafte sprachliche Verständigung
- Ungewohntes kulturelles Umfeld, Gefahren- und Notsituationen
- Persönliche Konflikte wegen der Ausreise

Während Verletzungen und Folgen physischer Belastung offen erkennbar sind, ist dies bei psychisch überhöhter Belastung oft nur schwer festzustellen. Nur ein Bluthochdruck ist oft ein Zeichen dafür. Besteht der Verdacht einer psychischen Überlastung eines Mitarbeiters, ist eine Heimreise zur Erholung dringend angeraten, weil der Betroffene andernfalls unter Umständen das gesamte Team in schwierige Situationen bringen kann.

3.1.4.9 Persönliche Arbeitsschutzmittel

Je nach Gefahrenlage, die vom Bauleiter zu bewerten ist, sind persönliche Arbeitsschutzmittel nach den deutschen Normen zu beschaffen und der Baustelle zu liefern. Diese haben je nach Baustellenbedingung gegen folgende Gefahren zu schützen:

Kopfschutz: Schutzhelm gegen herab fallende, umfallende und/oder fliegende Gegenstände, Kopf-Stöße, Ersatz nach 4–5 Jahren und nach Unfall, Kombination mit Gesichts-, Nacken-, Augen-Atem-, Gehör- und Kälte-, Hitzeschutz

Fußschutz: Sicherheitsschuhe mit Metall-Zehenkappe für Nässe und Stahlsohle gegen Schmutz, Nässe und gegen Eintreten spitzer und scharfer Gegenstände, fallende, rollende, klemmende, heiße, ätzende Stoffe

Hüft-Stiefel, Wathose, Knieschoner u. a.

Augenschutz: Schutzbrille gegen fliegende Teile, spritzende Flüssigkeit, Blendung, gefährliche Strahlung, Schweißblitze und Metallspritzer, chemische und thermische Schädigung,

Gehörschutz: Gehörschutzstöpsel, Kapselgehörschützer, bei Bedarf mit Kopfhörer für Funk (ab 85 dB (A) bereitzustellen, ab 90 dB (A) zu benutzen, Schutzanzug mit SNR-Wert je nach Frequenz (Single-Noise-Reduction, entspricht Reduzierung in dB(A)) in den Arten H(High)für 2–8 kHz, M(Middle) für 1–2 kHz, L(Low)für 63–1000Hz)

Atemschutz: Kombinations- und Spezial-Atemfilter, Masken gegen Gase, Stäube, Dämpfe, Ammoniak, Fasern, Ölnebel, Aerosole in den Schutzstufen (FF)P

1. ungiftig, wenig giftiger Feinstaub bis 4-fach MAK-Wert, (Maximale Arbeitsplatz-Konzentration)
2. krebserregende Stäube, Fasern, Rauche bis zum 10-fachen MAK-Wert
3. sehr giftige und krebserregende Stoffe bis zum 30-fachen MAK-Wert,

Handschutz: Handschuhe gegen Verletzungen durch Abrieb, Schnitt, Stich, Wärme, Kälte, Chemikalien, Elektrizität, Strahlung, Bakterien, Rohmaterial beständig gegen

Naturlatex:	Risse, Schnitte/Öle, Fette
Neopren:	Säuren, Waschmittel/ Abrieb
Nitril:	Abrieb, Stiche, Öle, CH/Riss
Keton, PVC:	Säure, Waschmittel/Risse,

Warn-Schutzbekleidung: Wegen Gefährdung in Straßen-, Gleis- und Verkehrsräumen ist die Schutzkleidung signalgelb, signalorange, fluoreszierend, leuchtgelb und leuchtorange mit Signalstreifen reflektierend zu tragen.

Sicherheitsgeschirr: gegen Gefährdungen zu tragen beim Halten und Retten, Absturz Abseilgeräte, mitlaufende Auffanggeräte, Seilkürzer, Verbindungsmittel, Sicherheitsseile, Haltegurte, Höhensicherungsgeräte, Auffanggurte, Auffangsysteme, Anschlageinrichtungen

Hitzeschutzkleidung: gegen

- Strahlungshitze bis 1000 °C, Flammen, Partikel
- Tropenbekleidung
- UV-sicherer Kopfschutz, der auch eine Schädigung der Ohren verhindert
- Sonnenbrille als Blendschutz bei Arbeiten und Fahrten im Gegenlicht
- Schaftstiefel gegen Schlangen- und Skorpionen-Bisse bei Außenarbeiten
- Leichte aber bissdichte Kleidung gegen Moskitos u. a. Insekten

Winterbekleidung: gegen

- Unterkühlung, Wind, Wasser, Kälte bis −40°
- Überziehjacke und Überziehhose, Handschuhe

- gefüttertes Schuhwerk bzw. Filzstiefel mit durchtrittssicherer Sohle
- Ohren- und Kopfschutz mit Woll- oder Filzhauben

Schweißerschutzschilde: mit Vorsatzglas, opto-elektronischer Blendschutz mit automatischer Abdunklung

Weiterhin anzuwenden sind bei entsprechenden Arbeits- und Witterungsbedingungen

- Vollständig geschlossene Schutzanzüge (Strahlungshitze, Schall über 130 dB(A))
- Knieschoner, -matten
- Thermo-Unterwäsche bzw. Tropenbekleidung und -Hut
- Anschluss einer getrennten Luftzufuhr (Strahlarbeiten)
- Abdeckungen, Absperrungen gegen Arbeits-Störungen Dritter
- Bereithaltung von geeigneten Wasch- und Reinigungsmitteln
- Bereithaltung von Getränken und Spülmitteln
- geeignetes Kommunikationsmittel zur sofortigen Meldung von Unfällen, Havarien, Störungen

3.1.4.10 Arbeitsstätten

Auch wenn die Baustellenbedingungen im Ausland nicht immer den europäischen Standard erreichen können, sollte der Bauleiter ein hohes Maß an Arbeits- und Gesundheitsschutz vom entsendenden Unternehmen fordern und anstreben. Als Maßstab können die Grundforderungen der deutschen Arbeitsstättenrichtlinie für Baustellen dienen:

- Tagesunterkünfte >4 Arbeitskräfte erforderlich, '0,75 m^2, Trinkwasser bereitzustellen
- Waschräume >10 Arbeitskräfte, >2 Wochen, für >20 Arbeitskräfte 1 Dusche
- Toiletten >15 Arbeitskräfte >2 Wochen, mindestens 1 in der Nähe
- Künstliche Beleuchtung Baustelle 20 Lux
- Temperaturen der Büro- und Aufenthaltsräume: zwischen 18 und 22 °C
- Mindeststromversorgung für Telefon, Beleuchtung, Uhr, Radio bei Energieausfall
- Erste-Hilfe-Schrank, mindestens aber ein Erste-Hilfe-Koffer, die aktuell zu halten sind

3.1.4.11 Unfälle, 1.Hilfe

Trotz Sorgfalt und Umsicht sind Baustellenunfälle nicht auszuschließen. Dabei gelten folgende Grundsätze

- Feststellen ob der Gefahrenort ohne Lebensgefahr betreten werden kann, Hilfe sofort herbeirufen, Unfallhilfe anrufen lassen, sich selbst nicht in Lebensgefahr bringen
- Feststellen, ob der Verletzte atmet und der Herzschlag feststellbar ist, wenn nicht, mit Beatmung und Herzmassage beginnen
- Ist der Verletzte ansprechbar, fragen wo er Schmerzen hat und ob er sich bewegen kann, dann sichere Seitenlage schaffen, damit er frei atmen kann und nicht erstickt
- Diese stabile Seitenlage und der Transport bewusstloser Personen sollte wiederholt gezeigt werden.

Bei der Feststellung oder dem Verdacht auf ernsthafte Krankheiten gilt Folgendes:

- Feststellen von Fieber, Hautveränderungen, Stichmerkmalen, Veränderungen der Augen, des Verhaltens, ungewöhnliche Müdigkeit
- sofortige Konsultation eines Arztes
- Vermeiden jeden Körperkontaktes durch Anwesende ohne Handschuhe
- Nach einem Körperkontakt, besonders mit Blut oder anderer Körperflüssigkeit umgehend gründlich waschen und Geräte nach Möglichkeit sterilisieren
- Transport in das nächste Krankenhaus anmelden und durchführen.

Dazu gehört, dass in den Fahrzeugen Verbandtaschen oder Verbandkasten vorhanden sind und im Bereich der Baustelle bzw. der Baustelleneinrichtung mindestens ein verschließbarer Erste-Hilfe-Schrank erreichbar ist.

3.1.4.12 Medizinische Versorgung

Um bei Unfällen und ernsthaften Krankheiten schnelle Hilfe zu organisieren, ist es wichtig, dass

- die Adressen und Telefonnummern, Leistung und Öffnungszeit der nächsten medizinischen Einrichtung allen vom Team zugänglich sind
- Am Bauleiterbüro eine „Baustellenapotheke" zur Verfügung steht
- alle Teammitglieder zur ersten Hilfe und zum Verhalten bei Unfällen nachweislich belehrt wurden
- Telefon und Transportfahrzeug stets nutzbar ist

In der Baustellenapotheke sollten mindestens enthalten sein:

- Pflaster, Binden, Mullkompressen, Augenklappen, Dreiecktücher, Schere
- Haut-, Wunddesinfektion, Haushaltshandschuhe, Taschentücher, Seife, Müllbeutel
- Schmerzmittel, Heilsalbe, Kohle- und Abführmittel, Mückenstichsalbe
- Fieberthermometer, Blutdruckmesser, Wärmflasche, Kühlakku, Lupe, Pinzette

Entkeimungsmittel für Trinkwasser, Waschmittel, Streichhölzer, Feuerzeug, Kerzen.
Siehe hierzu Anlage 12 Muster „Baustellenapotheke."

3.1.4.13 Verhalten bei besonderen Arbeiten

Bei folgenden Arbeiten ist eine 2. Person als Aufsicht und zur Hilfeleistung durch den Bauleiter einzusetzen:

- Dacharbeiten in Höhen über 4 m ohne Randschutz und ohne Sicherungsgeschirr
- Arbeiten mit Säuren und Basen, giftigen Stoffen, heißem Teer u. ä.
- Sprengarbeiten auf der Baustelle zur Signalisierung und Kontrolle
- Arbeiten in Gruben über 2 m Tiefe bei Gefahr durch Verschüttung, Wassereinbruch

- Arbeiten auf Leitern über 3 m Höhe
- Arbeiten am Rand von stark befahrenen Straßen und Bahngleisen
- Kranarbeiten, bei den der Ablade- und Montagevorgang nicht vom Kranführer einsehbar ist, trotz telefonischer Verständigung

Für alle derartigen Arbeiten ist die Vereinbarung von eindeutigen Handsignalen ratsam
Siehe hierzu Anlage 20 „Handsignale".
Bei Unwettern, Hochwasser, Gewittern, Wirbelstürmen ist folgendes zu beachten

- Meiden Sie Fahrten bei Unwettern durch überflutete Straßen (der Motor kann ausfallen, Gullydeckel fehlen ggf.) und durch Wälder (Bäume stürzen auf das Fahrzeug) die Nähe von Masten und Hochspannungsleitungen
- Bei drohendem Hochwasser, Starkregen und Gewittern sind Baustoffe zu sichern, ggf. umzulagern, sind keine Kellerräume zu nutzen, diese bei Bedarf abzudichten.
- Bei Wirbelstürmen sind schnell feste Gebäude aufzusuchen, soll man sich von ungeschützten Glas-Fenster und -Türen fernhalten, wenn das nicht möglich ist, dann notfalls mit dem Gesicht erdwärts legen und mit den Armen den Kopf schützen.
- Nehmen Sie elektrische Geräte erst nach Trocknung und Prüfung in Betrieb und fassen Sie keine blanken Geräteteile vor einer Prüfung auf Spannung an.
- Bei umgestürzten Hochspannungsmasten bzw. Leitungen weghüpfen, um keine Hochspannung zwischen den Füßen abzugreifen.

3.2   Probleme des Bauablaufes

3.2.1   Typische Störungen

3.2.1.1   Ursachen

Bei dem Auftreten von Störungen soll der Bauleiter zuerst prüfen, was die Ursachen sind:
Mangelhafte Vorbereitung durch Auftraggeber, z. B.:

- Dem Anbieter wird ein zu hohes Wagnis aufgebürdet
- Widersprechende oder nicht realisierbare Leistungsbeschreibungen
- Fehlende, unklare, unvollständige, falsche Ausführungsunterlagen
- Baustellenverhältnisse wurden nicht geprüft
- Unerwartete Auflagen zentraler und örtlicher Behörden
- Geänderte Verkehrsverhältnisse durch neue Straßen, Brücken, Belastbarkeiten,

Mangelhafte Vorbereitung durch Auftragnehmer z. B.

- Fehlerhaftes Angebotes
- Fehlende Informationen über die Vor – Ort-Bedingungen
- Fehlende Prüfung der technischen Dokumentation auf Lieferbarkeit

Mängel in der anbietenden Kooperation

- Wirkung unterschiedlichen Unternehmensrechts
- Fehlende Beherrschung des Warenverkehrs mit dem Ausland
- Fehlende Sicherheiten, fehlende Bonität
- Unzureichende kapazitive und technologische Voraussetzungen
- Wirkung unbeachteter ausländischer Gesetze und Richtlinien

Mangelhafte Durchführung durch Auftragnehmer

- Unzureichende Prüfung der Bedingungen: Baugrund, Baufreiheiten, Logistik
- Wirkung von Grundwasser, höherer, wechselnder Wasserstände von Flüssen
- Bekannte aber nicht beachtete örtliche Bedingungen in den Jahreszeiten
- Unbeachtete Krisensituation: Krieg, Streik, Vandalismus, Sabotage
- Ungewöhnliche Witterungsbedingungen: Sturm, Hitze, Kälte, Sturmfluten, Hagel
- Unerwartete Anwendungsverbote von Materialien und Technologien

3.2.1.2 Vorzeichen sich anbahnender Störungen und Konflikte

Im Rahmen der täglichen Kommunikation mit den beteiligten Unternehmen kann ein erfahrener Bauleiter erste Anzeichen sich anbahnender Störungen erkennen, die er unverzüglich seinem Vorgesetzten zu weiteren Nachforschungen mitteilen sollte, um Schaden abzuwenden. Das sind z. B.

- Unkontinuierlicher Arbeitsablauf, wechselnde Arbeitsteams
- Unregelmäßige und verspätete Maschineneinsätze und Materiallieferungen
- Konflikte und fehlende Motivation der Arbeitsteams
- Mangelhafte Führung des Bautagebuches
- Vorzeitige und überhöhte Zahlungsforderungen, verbunden mit
- Spontane Kontrollen von Banken und Behörden

Da diese Vorzeichen neben böser Absicht auch eine Insolvenz ankündigen können, gilt es, die Unregelmäßigkeiten zu dokumentieren, die entsprechende Seite unverzüglich in Verzug zu setzen und eine präzise Beweissicherung zu gewährleisten.

Für die **Gegenargumentation** bei dem Versuch, die Folgen dem Bauleiter anzulasten, sind bei den besonderen Auslandsbedingungen und Verständigungsproblemen folgende Fakten des beteiligten Unternehmens vor Aktionen sorgfältig zu prüfen und zu nutzen, z. B.:

- Ist der Bauablaufplan:
  - mit den Beteiligten koordiniert?
  - mit Leistungsanteilen definiert?
  - mit Geräte- und Materialeinsatz definiert?

- mit einem exakten Arbeitskräfteeinsatz definiert?
- eingehalten worden, vertraglich vereinbart, aktualisiert bestätigt?
• Ist der Bautenstand:
- nachweisbar von Verantwortlichen beider Seiten bestätigt?
- durch Dokumentationen nachvollziehbar und prüfbar oder nicht?
• Wurde im Bautagebuch:
- täglich der Einsatz von Arbeitskräften und Maschinen richtig erfasst?
- exakt der Eingang von Materialien und Dokumenten erfasst?
- Jede wesentliche Abweichung des Ist vom Soll und die Ursache dargestellt?
• Wurde Schaden abgewendet, indem Folgendes getan wurde:
- Zur Abwendung von Schäden aus Verzug wurden zusätzliche Führungs- und Arbeits – Kräfte eingesetzt, zusätzlich motiviert, Maschinen bereitgestellt?
- Ein Aufhol-Ablaufplan wurde erarbeitet und abgestimmt?
- wurden alle Betroffenen unverzüglich informiert und zur Planabstimmung eingeladen?
- Alternativen wurden untersucht, Sonderlösungen vorgeschlagen?
• Wurde der Schaden real ermittelt?
- Entsprechen die berechneten Kosten der Behinderung der Kalkulation?
- Sind die Schäden über die Kalkulation und den Ablaufplan nachvollziehbar?
- Sind die Nachweise für die Ansprüche zweifelsfrei, konkret, zeitnah und mit Fakten, Dokumentationen, Zeugen und mit Bestätigungen erstellt?

3.2.1.3 Behandlung von Störungen

In Stresssituationen fällt es dem Bauleiter schwer, auf unerwartete Störungen ruhig und besonnen zu reagieren. Deshalb hilft ein Leitfaden für die grundsätzliche Behandlung von Störungen mit folgendem Schema:

1. Erfassen der Situation mit Randbedingungen: Inhalt, Ort, Zeit, Verursacher
2. Prüfen möglicher Ursachen, Hintergründe, Wirkungen
3. Beschreiben, begründen, berechnen der Auswirkungen für alle: Mehrkosten, Bedarf an Arbeitskräften und Ausrüstungen, Verzug
4. Handeln: Anzeigen, Forderungen zu Entscheidungen, eigene Schritte veranlassen

Die zügige und qualifizierte Beweissicherung gegenüber Dritten entlastet die Bauleitung erheblich, wenn die Verträge es zulassen.

Da jede Störungsbeseitigung mit einer Anzeige zu verbinden ist, sind bei den typischen Störungen besonders folgende Punkte zu beachten und darzustellen:

3.2.1.4 Anzeigen

Wenn Ereignisse am Vorhaben eine Reaktion des Bauleiters erfordern, ist fast immer eine sofortige schriftliche formgerechte Mitteilung notwendig, die auf der Gegenseite bestimmte Verhaltensweisen im Interesse des von ihm vertretenen Unternehmens auslösen soll.

In den zu veranlassenden Anzeigen sind besonders wichtig:

- kompetenter Ansprechpartner mit Name Funktion und geltender Firmenadresse
- Beschreibung von Art, Ursache, Umstände und Wirkung, um wenig Raum für Unklarheiten zu bieten und eine ungerechtfertige Gegenwehr abzuwenden
- Die mündliche Vorabinformation an den kompetenten Vertreter des Bauherrn oder Kooperationspartner.
- Die Aufforderung zur Beseitigung der Störung ist mit klarer Terminsetzung mit Datum und Uhrzeit, gefordertem Zustand und der Pflicht zur schriftlichen Freimeldung
- Bei Nichteinhaltung des Termins der Störungsbeseitigung ist der Schuldige umgehend in Verzug zu setzen die möglichen Folgen sind darzustellen.
- Auf eigene Aktivitäten sollte der Bauleiter verzichten, wenn ihm die Hintergründe und die Meinung der vorgesetzten Stelle nicht bekannt sind.
- Von der Bauleitung sind umgehend alle entstandenen Mehrkosten zu ermitteln, der erreichte Bautenstand nach dem Leistungsverzeichnis darzustellen

Kommt es zum Streit, ist Folgendes zu beachten:

- Für einen Streit mit Organen der öffentlichen Hand erfolgt die Abwicklung zwingend nach den im Lande geltenden Gesetzen um Korruption vorzubeugen.
- Ein Streit über Eigenschaften von Stoffen oder Bauteilen erfordert eine Prüfung durch staatlich anerkannte Materialprüfstellen des Landes.
- Auf Antrag einer Seite kann eine einvernehmliche Lösung vereinbart werden, wenn die Folgen ausreichend untersucht wurden.
- Ein Streit berechtigt den Auftragnehmer in der Regel nicht zur Arbeitseinstellung.

Entsprechend den typischen Wirkungen sind folgende Störungen Schwerpunkte der Arbeit des Bauleiters im Ausland mit Beispielen für Ursachen und Wirkungen:

3.2.1.5 Behinderung
Ursache:

- fehlende/unvollständige Baufreiheit, fehlende/unvollständige/beschädigte Lieferung
- eine vereinbarte Leistung wird nicht ermöglicht oder erschwert
- Entscheidungen des Auftraggebers
- Unerwartete Witterung, Ereignisse, Umstände, Höhere Gewalt

Wirkung:

- Verzug der Fertigstellung, Ablaufbehinderung, Unterbrechung
- kostenintensive Ablaufänderungen im Unternehmen und der Geschäftstätigkeit

- Leistungen können erst zu ungünstigen Bedingungen mit geringerer Produktivität realisiert werden, z. B. Tropen- oder Winterbau,
- Zusatzaufwand wegen zusätzlichen Personals, Materials und Transporten

3.2.1.6 Mängel

Ursache

- Mangelhafte Arbeitsunterlagen
- Liefer- bzw. Arbeitsleistung der Firma entspricht nicht dem Vertrag
- Mangelhafte Materiallieferungen der Hersteller, Lieferer, Verleihfirma
- Mangelhafte Ausrüstungen, Betriebsmittel der Bau-, Ausrüstungsfirma
- Mangelhafte Leistungen der Dienstleister, Gutachter, Behörden
- geänderte Verkehrsverhältnisse durch neue Straßen, Brücken, Sperrungen;
- Mängel der Mitwirkungsleistungen des Auftraggebers

Wirkung

- Ersatzleistung, Neulieferung, Austausch der Arbeitskräfte
- Schadenersatz
- Verzug der Fertigstellung
- Einsatz Dritter

3.2.1.7 Bedenken

Verzichtet ein Bauleiter auf begründete Bedenken, ist er für die möglichen Folgen für das Leben und die Gesundheit der Beteiligten, für Unfälle oder andere Schäden haftbar. In Europa unbedenkliche Situationen können im Ausland erhebliche negative Auswirkungen haben. Bedenken können aber auch ein beliebtes Mittel sein, um bei Verzögerungen im Bauablauf wegen fehlender Zulieferungen oder anderer eigener Voraussetzungen durch geforderte Entscheidungen Zeit zu gewinnen.

Ursache:

- Anordnung zur geänderten Ausführung einer geforderten Leistung
- Unzureichende Sicherung des Baubereiches gegen Unfallgefahren
- Güte der gelieferten Baustoffe, Anlagen, Bauteile ist bedenklich
- Qualität der Vorleistungen des Unternehmens ist mangelhaft
- unnötige Gefährdung Dritter durch erhobene Forderung

Mögliche Wirkung bei Zurückweisung der Bedenken sind u. a.:

- Hinweis auf schriftliche Ablehnung jeder Haftung und Garantie
- Ablehnung der Ausführung vereinbarter Leistungen mit Vorschlag geänderter angepasster Leistung bis zur schriftlichen Entscheidung

3.2.1.8 Schäden:

Schäden können weitreichende Folgen haben, wenn der Bauleiter nicht unverzüglich nach der Feststellung geeignete Schritte, mindestens aber unverzüglich die Anzeige gegenüber dem Verursacher veranlasst:

Ursache

- Transportschaden, Lieferer, Lagerung, Ort, Umstände
- Montage, Bauleistung, fehlende Mitwirkungsleistung des Auftraggebers
- Funktionsprüfung, Inbetriebnahme

Wirkung

- Beschreibung des Schadens mit Darstellung von Bauverzug, Mehrkosten, Art der Dokumentation einschl. Polizeiprotokoll, Sanktionen bei Vertragsverletzung
- kostspielige Schadenminimierung, Ausweichlösungen, Folgenabwendung
- Imageverlust

3.2.1.9 Unterbrechungen

Ursache

- Ort, Zeit der Feststellung, Leistungsort am Vorhaben, Zeugen
- beteiligte Firmen, Namen der informierten Verantwortlichen
- Ursachen und Folgen technisch-technologisch, ablaufbezogen
- Beschreibung und Dokumentation bei fehlenden Baufreiheiten
- Forderungstermin für Beseitigung der Ursache und schriftliche Information mit Ankündigung der Schadenersatzforderung
- schriftliche Mitteilung über Fortbestand der Störung nach der Forderung mit Verzugsetzung

Wirkung

- Zwischenabrechnung ausgeführter und angearbeiteter Vertragsleistungen, Änderung, Beräumung der Baustelle,
- Berechnung aller entstandenen Mehraufwendungen, u. A. die Kosten für die vereinbarte Wiederaufnahme der Arbeiten
- schriftliche Mitteilung der Wiederaufnahme der Arbeiten mit Zeit und Folgen.
- Ankündigung der Kündigung, wenn die Unterbrechung länger anhält und keine anderen Vereinbarungen getroffen wurden

3.2.1.10 Verbrechen

Bereits kleine Diebstähle, Einbruchsversuche, Raub oder Zerstörungen sind ernst zu nehmen, weil es manchmal nur der Test für größere Aktionen sein kann. Folgendes wird empfohlen:

- Stets die Polizei informieren, ohne die eigenen Sicherungsmaßnahmen offen zu legen.
- Sofort Anzeigen an Polizei und Bauherrn, eigenes Unternehmen bzw. auch an einge-
setzte Sicherheitsfirma senden. Die Anzeigen haben mindestens zu enthalten:
  - Betroffene Gegenstände, Anlagen, Räume, Gebäude
  - Ort der Handlung,
  - Mögliche Gefährdung von Personen
  - Zeit der Feststellung und vermuteten, eingrenzbaren Handlungszeitraum
  - erkennbare Spuren, mögliche Personen- und Fahrzeugbeschreibung der Täter
  - veranlasste erste Schritte zur Gefahrenabwehr

In Auswertung der Vorkommnisse sind die Sicherheitsmaßnahmen zu erweitern. Dazu
gehören folgende Maßnahmen:

- Wichtige Geräte an offenen Stellen mit Leuchtfarbe und an verdeckten Stellen mit einer Kennung markieren, die schwer zu beseitigen ist.
- Einsatz eines zeitweiligen Bereitschaftsdienstes, der mit Nachtsichtgeräten wichtige
Stellen beobachten kann.
- Schwer erkennbare Bewegungsmelder in wichtigen Bereichen anbringen, die ein Signal
an eine zentrale Stelle senden, das den betroffenen Bereich erkennen lässt. Außerdem
sollte eine geschützte zeitverzögerte Beleuchtung der Fläche erfolgen.
- Sind die Täter auf dem Gelände, sollte das Team geweckt werden, um sich auf eine ggf.
notwendige Verteidigung oder auch die Löschung eines gelegten Brandes vorzubereiten.
Einzelpersonen sollten sich nicht einer Auseinandersetzung stellen, weil ein Waffen-
gebrauch der Diebe im Ausland kaum auszuschließen ist.
- Beschädigte Fenster, Türen und Tore sind umgehend behelfsmäßig zu verschließen.

3.2.1.11 Leistungs-Änderung

Zusätzliche Leistungen sind nur nach schriftlichem Auftrag kompetenter Stellen auszuführen.
Ursache
Mehr- und Mindermengen vereinbarter Leistungsarten als Folge von:

- Änderung durch Projektänderung, Forderung des Bauherrn
- Änderung in den Leistungspositionen oder im Pauschalvertrag
- Änderung aus Gründen von Mängeln Dritter, es erfolgte die notwendige Anzeige

Wirkung

- Nachtragsangebot zu alten Einheitspreisen oder mit Minder- oder Mehrmengen zu neu-
em Einheitspreis, verbunden mit dem Nachweis der Änderung betroffener Schlüsselkosten, bestehend aus Gemeinkosten der Baustelle, allgemeinen, Geschäftskosten, Wagnis
und Gewinn sowie Folgen für Bauzeit, Technologie und Arbeitskräfteeinsatz

Zusätzliche neu beauftragte Leistungen

- neu beauftragte Leistungen mit neuer Kalkulation
- Ausweis aller Mehrkosten einschl. Schlüsselkosten
- Nachweis der Wirkungen auf Kosten anderer Leistungen und die Bauzeit

Zusätzliche nicht vereinbarte Leistungen
Sind Leistungen nicht vereinbart, sind diese aber für die Erfüllung des Vertrages notwendig, hat der Bauleiter unverzüglich die Anerkennung der Leistung durch den Auftraggeber einzuholen. Lehnt dieser aber die Vertragsergänzung und Vergütung ab, ist der Zustand und der Umstand, dass das im mutmaßlichen Willen des Auftraggebers ist, zu dokumentieren und möglichst mit Darstellung der Folgen zu protokollieren.

3.2.1.12 Verzug
Ursache

- Vorleistungen Dritter sind in Verzug
- für eigene Leistung fehlen Voraussetzungen
- Störungen Dritter
- fehlende Baufreiheit

Wirkung

- Anzeige mit Soll/Ist-Termin und Auswirkungen auf den weiteren zeitlichen Ablauf, erwarteter Verzug der eigenen Leistung
- Auswirkungen auf Personal- und Maschinen-Einsatz
- geschätzte Mehrkosten für Vorhaltung der Baustelleneinrichtung, Personal, Anlagen, Materiallagerung
- Vorschlag für Sofortmaßnahmen
- Forderungstermin, um entstehenden Verzug zu minimieren

3.2.1.13 Fehlende Baufreiheiten
Fehlende Baufreiheiten sind ein Hauptärgernis und die Ursachen für Konflikte, Verzögerungen und Mehrkosten aller Beteiligten. Deshalb gilt ihnen eine besondere Beachtung.
Typische notwendige Baufreiheiten für Bauleistungen sind:

- Vollständige Beräumung der Baufläche
- Vorliegen aller Genehmigungen und Zulassungen
- Möglichkeit der Errichtung der vollständigen Baustelleneinrichtung
- Freigabe der Fläche und notwendigen Medienanschlüsse durch den dort vorher tätigen Auftragnehmer

- Bauseitige Fertigstellung mit Prüfnachweis der vorher lt. Vertrag fertig zu stellenden Bauleistungen
- fehlende Restleistungen

Die Schwerpunkte bei der Baufreiheit für Ausrüstungen sind:

- Besenrein gereinigte Flächen, Erreichen notwendiger Temperaturen, Beleuchtung
- Abschluss der Installation der Elektro- und Ver- und Entsorgungsleitungen bis zum vereinbarten Nahtstelle
- Verschließbarkeit des Aufstellungsraumes, eingebaute, verschließbare Fenster, bzw. Übernahme der Sicherheitsverantwortung durch Dritte
- Bestätigung der Belastbarkeit der Transport- und Aufstellungsflächen, sonst Einleitung von kostenpflichtigen Sondermaßnahmen
- Fertigstellung der bauseits zu realisierenden Voraussetzungen

3.2.1.14 Nachträge

Für die Bearbeitung der Folgen o. g. Störungen ist es notwendig, geeignete Vereinbarungen zur vertragsgerechten Abwicklung der Zahlungsforderungen als Nachtrag zu treffen. Schwerpunkte sind:

- Begründung durch Beschreibung von Ursachen und Wirkungen, besonders bei geänderten örtlichen Gegebenheiten, Baugrundmängeln, unerwartete Witterung, neue Auflagen von Behörden
- Nachweis rechtzeitiger Anmeldung mit Terminsetzung zur Annahme
- Ausweis und Berechnung der Mehrkosten auf Basis der Vertragskalkulation, der Preisanpassung oder einer Neukalkulation
- Forderungstermin für Bezahlung mit Ankündigung der Verzinsung bei Verzug
- Darstellung der Folgen bei fehlender Unterzeichnung der Nachtragsvereinbarung.

3.2.2 Beweisführung

Zur Beweisführung sollten besonders genutzt werden:

- Tägliches Führen des Bautagebuches
- aktuelle Übersichten zum Empfang und zur Weitergabe von technischen Unterlagen, Anzeigen, Protokollen einschließlich zugehöriger Übergabe-Quittung bei besonderen Dokumenten
- Dokumentation des Bautenstandes und von Baufreiheitssituationen unter Nutzung gültiger Übersichtspläne, deren PC-Speicherung mit Datum und möglicher Darstellung von Bauherrenvertretern,

- Dokumentation von Behinderungen, fremden und eigenen Mängel, Störungen
- Durchgängige Führung von Postein- und -ausgangsbüchern mit Angabe des Verteilers, gebundener Telefon-, Notiz- und Arbeitsbücher, Kalender-Aufzeichnung
- Nachweise für die Übergabe von Schreiben und Protokolle durch kompetente Empfänger, Boten, Post-Einschreiben
- Belehrungsnachweise

3.2.2.1 Bautagebuch

Das Bautagebuch in gebundener Form ist ein wichtiges Beweismittel für den Bauleiter.

Hinweise zur Führung des Bautagebuches sollen helfen, weit voraus zu sehen, wenn am Ende gesicherte Beweise benötigt werden. Schwerpunkte sind:

- Wetter
- Nachweis: Informationen der meteorologischen Station, Wetterwarnungen
- Übergabe Baufreiheiten
  - Übernahme Baugelände, Baustelleneinrichtung, Absteckungen,
  - Kontrollergebnisse zu Achsen, Medienanschlüsse
  - definierte Nahtstellen für Leistungsanteile lt. Übergabeprotokoll
  - Restarbeiten Dritter/Termine/Verantwortlichkeiten
  - Nachweis: unterschriebene Protokolle, ggf. Anzeigen

- Dokumentation, Empfang, Versendung
  - Übernahme/Übergabe von Projektunterlagen, Aufforderung zur Übergabe von notwendigen Arbeitsunterlagen
  - Erhalt/Abgabe von Berichten, Eingang von Auflagen, Änderungen, Einsprüchen
  - erhaltene Mitteilungen über Vertragsänderungen, Abweichungen im Ablauf
  - Nachweis: Eingangsnachweis, Schreiben mit Lieferforderung Inhalt und Termin

- Arbeiten
  - Uhrzeit für Beginn und Ende der Schichten, Schichtwechsel, Leistungen, Pausen
  - Arbeitskräftezahl je Gewerk/Firma, Lohnarbeiten, Soll/Ist-Anzahl, AK-Struktur
  - Behinderungen, angekündigte Mehrkosten, Verursacher, Dauer
  - Unterbrechung und Verzögerung mit Ursachen, Mängelfeststellungen
  - Eingang und Prüfergebnis von Baustoffen, Bauteilen, Anlagen
  - Nachweis: Tagesberichte, Anzeigen

- Großgeräteeinsatz
  - Ablaufbestimmender Einsatz der Großgeräte nach Typ, Leistungsvermögen Nutzbarkeit, Auswirkungen bei Mängeln,,Einsatzzeiten, Ausfallursachen, -dauer, Stillstands-, Liegezeiten Auswirkungen auf Ablaufzeiten, Kosten,
  - Nachweis: Tagesbericht, schriftliche Mahnung, Protokolle, Fotodokumentation

- Besucher
  - Besuche von Aufsichtsbehörden, örtlichen Behörden mit Grund und Ergebnis
  - Polizei, Anlass und Inhalt der Kontrollen und Besuche, Konflikte
  - Feststellungen der Arbeits-, Gesundheits- und Brandschutz-Kontrollen
  - Nachweis: Notiz mit Thema/Fragestellung/Ergebnis/Teilnehmer mit Firma, Name, Funktion, Forderungen mit Inhalt und Termin

- Ereignisse
  - Unfälle, Grad der Verletzung, 1.Hilfe, Uhrzeit, Ursache, Beteiligte, Bedingungen
  - Gefährliche und außergewöhnliche Ereignisse wie Erdrutsche, Wassereinbruch, Naturgewalten, öffentliches Aufsehen, drohende Gefahren, Maßnahmen.
  - andere Ereignisse wie Diebstahl, Zerstörung, Bedrohung, Inhalt, Beteiligte,
  - Baugrundverhältnisse, gefährlich abweichende Prüfergebnisse von Bodenstruktur, Festgestellte Konflikte, Beteiligte, beratene Lösungsansätze
  - Auswirkungen auf betroffene Personen, Ablauf, Kosten, Qualität, Image, Folgen
  - Nachweis: Unfallmeldung, Anzeigen, Fotodokumentation, Protokoll, Sofortnotiz

- Abnahmen
  - Anmeldung, Einleitung, Fertigstellungsmeldungen, Testberichte
  - Teil- und Endabnahmen, Feststellungen, Ergebnisse, bauaufsichtliche Feststellungen
  - Mängelinhalt, Ursachen, Folgemaßnahmen, anwesende und fehlende Teilnehmer
  - Abweichungen von der Abnahmeordnung
  - Nachweis: Abnahmeprotokoll, Notizen, Fotodokumentation
  - Siehe hierzu: Anlage 10 Muster „Abnahmeordnung"

- Prüfungen
  - Nachweis und Ergebnisse vorher erfolgter Tests, Tragwerks-Prüfungen
  - Methoden, beteiligte Labors, Kontrollorgan-Festlegungen, Randbedingungen
  - Veranlassung nach Vertrag, Auflagen der Behörden, Bauherr, Beteiligte
  - Auswirkungen auf Ablauf, Kosten, Folgearbeiten
  - Hinweis auf Veranlassung, Nachkalkulationswerte, Maßnahmen
  - Wert: Aufwand/Stundennachweis/Masch. Std./mittelbare Kosten
  - Dokumentation: Zeichnung, Skizze, Berechnungsnachweis lt. Vertrag
  - Nachweis: Nachtragsvereinbarung, Protokoll, bestätigte Rechnung, Dokumentation

3.2.2.2 Schriftliche Nachweise

Schwerpunkte sind:

Vollmacht

- Name, Geburtsdatum, Funktion des Bevollmächtigten,Umfang der Vollmacht, Gültigkeitsdauer, Name, Funktion des berechtigten Unterzeichnenden,

Protokoll:

- Anlass, Veranlasser, kompetente Teilnehmer, Name, Funktion,
- Gegenstand des Protokolls : Beratung, Verhandlung, Rapport, Besuch
- Gemeinsame Feststellungen, wichtige einseitige Erklärungen
- Mitwirkende, Unterschriften der kompetenten Teilnehmer, bei dringenden Fällen auf handschriftlicher Notiz mit Kopie, Verfasser
- Hinweis auf Wirksamkeit, wenn nicht bis zu einem Datum Einspruch erhoben wird

Schreiben:

- Adresse des Unternehmens oder dessen offiziell eingetragener Inhaber, Geschäftsführer oder Vorstand, Datum der Absendung bzw. des Erhalts
- rechtsgültiger Absender, Unterschrift mit Firma, genaue Definition des Betreffs : Information, Anzeige, Bestätigung, Beschwerde, Antrag, Genehmigung, Kurzbeschreibung, um den Bezug auf Nebensächlichkeiten zu vermeiden
- nachvollziehbare Übergabe per Einschreiben, Rückschein, Bote, Fax

Gutachten

- Der Einsatz unabhängiger Gutachter ist besonders bei folgenden Themen erforderlich:
- Umweltbeeinflussung, Bau- und Umweltrecht, Baugrund
- Bau-Technik und Bautechnologie- und Haustechnik-Lösungen
- Arbeitsbedingungen und Arbeits- und Sozialrecht
- Bei der Erteilung des Auftrages für das Gutachten kommt es vor allem darauf an, dass die Aufgabenstellung sehr präzise formuliert wird
- der Gutachter die Haftung für das Ergebnis auf der Grundlage der Basisdaten übernimmt und die Kosten fest vereinbart wurden
- Videos und Tondokumentation
  - Fotos mit Datum, jahreszeittypischen Elementen erfassen, bekannte Personen als geeignete Zeugen in Bild und Ton erfassen, nachträglich von beteiligten Dritten auf einer Foto-Rückseite bestätigen lassen.
  - Video-Aufnahmen sollten Vorgänge erfassen, einen zeitlichen, bauablaufbezogenen, Bezug zur beabsichtigten Aussage herstellen.
- Ablageordnung
  - Als Muster für eine übersichtliche Ablage kann folgendes Beispiel dienen:
  - Vorhabenstart: Angebote, Bestellungen, Aufträge, Vergabeunterlagen, Verträge, Leistungsprogramme, -verzeichnisse, Schriftwechsel, Kalkulationen, Protokolle,
  - Technische Dokumentation: Ablauf-, Finanzierungs- und Zahlungspläne, revidierte Bestandsdokumente, Bedienungs- und Wartungsunterlagen

– Baudurchführung: Bautagesberichte der Auftragnehmer, Bautagebuch, Anzeigen, Nach-
   träge, Standsicherheitsnachweise, Prüfprotokolle, Baustoff-, Bauteileprüfprotokolle,
   Baugrunduntersuchungen, Belastungsproben, Bauartzulassungen, Kontrollmessun-
   gen, Unterlagen zu besonderen Vorkommnissen, Schriftwechsel, Beweissicherungen,
   Belehrungsnachweise, Abrechnungen, Aufmaßblätter, Stundenzettel, Besucherbuch
– Abnahmen, Übergaben: Übergabe von Arbeitsbereichen, Fertigmeldungen, Abnahmedokumentation, Abnahmeprotokolle, Berichte der Funktionsproben und Probe-
   läufe, Vermerke, Gewährleistungsübersichten, Schriftverkehr

3.2.3 Notsituation

Der Bauleiter hat folgende Notsituationen und Ereignisse höherer Gewalt zu beachten:

- Naturkatastrophen
- Ausbruch kriegerischer Handlungen
- Feindseligkeiten gegen das Team und deren Anlagen, Fahrzeuge, Materialien
- Generalstreik
- Brandstiftung
- Einstellung der Bauarbeiten und Ausreiseverbot
- Bezichtigung strafbarer Handlungen, sofortige Verhaftung und Gefängnisaufenthalt

Da derartige Ereignisse oft völlig unerwartet eintreten, ist eine spezifische Vorbereitung
nur möglich, wenn besondere Ereignisse diese ankündigen.

Deshalb ist von Anfang an eine Mindest-Vorbereitung notwendig.

Für derartige Fälle ist es wichtig, Folgendes vorzubereiten:

- Vereinbarung eines Signals an das Team, das eigene Unternehmen bzw. eine Vertrau-
  ensperson vor Ort, die das Unternehmen und die Teammitglieder unterrichtet
- Ruhige aber bestimmte Forderung eines Kontaktes mit der deutschen Botschaft, dem
  Vorgesetzten und dem Auftraggeber, wenn Dritte das Team bedrohen
- Sofortmaßnahmen zur persönlichen Sicherheit für das Team nach einem bereits vorher
  vereinbartem Ablauf, Fluchtweg, Zufluchtstätte, Gepäck

Vorbeugend ist bei der Gefahr terroristischer Anschläge Folgendes zu beachten.

- Vermeiden großer Menschenansammlungen
- Feststellen von Gebieten, in denen Terroristen Rückhalt in der Bevölkerung haben
- Besondere Beachtung der Bereiche, in den Anschläge nicht vereitelt werden können
  und effektive Sicherheitsmaßnahmen fehlen
- Feststellen unbeaufsichtigter Gepäckstücke auf den Baustellen und Baustelleneinrichtungen

Beobachtung verdächtigen Verhaltens von Personen

- Anfrage beim deutschen Konsulat des Landes, ob die Einbeziehung der örtlichen Polizei bei den Feststellungen ratsam ist
- Aktuell halten der „Deutschenliste"

Um bei Eintritt eines Notfalls zumindest für kurze Zeit versorgt zu sein, ist Folgendes für mindestens 1 Woche für das Team zu sichern:

- Information per Mobiltelefon und Rundfunkgerät mit Reservebatterien
- Trinkwasservorrat
- Lebensmittel: Fruchtsaft, Wurst-, Fleisch- Fisch-, Fertiggerichte, Konserven, Fette, Dauerbrot, Knäcke, Zucker, Reis, Salz, Tee, Kaffee-Extrakt, Honig
- Baustellenapotheke
- Hygieneartikel: Seife, Desinfektionsmittel, Zahnpasta, Toilettenpapier, Einweggeschirr
- Energie: Kerzen, Teelichte, Streichhölzer, Feuerzeug, Camping-, Spirituskocher, Gas, Spiritus, Taschenlampe, Reservebatterien, Heizmöglichkeit mit Kohle oder Holz
- Brandschutz: Rauchmelder, Feuerlöscher, Brauchwasserbehälter
- Dokumentensicherung: Kopien unbedingt notwendiger Dokumente in sicherer Verwahrung, Auswahl der besonderen griffbereiten Dokumente in einer besonderen geschützten Mappe (Vollmachtkopie, Ausweiskopien, Kreditkartenkopien u. a.)
- Telefonnummern möglicher Hilfe bei Brand, Bedrohung u. a. Gefahren
- Bereithalten des vorbereiteten, griffbereiten Notgepäcks: Wäsche, Decke, Schuhe, Schutzkleidung, Kopfbedeckung, Wundversorgung, Medikamente, Dosenöffner, Taschenmesser, Thermoskanne, Becher, Arbeitshandschuhe, Taschenlampe

Siehe hierzu Anlage 7 Check „Notsituation".

Besteht die Gefährdungslage bereits vor der Ausreise, besteht Fürsorgepflicht, u. a. durch Anti-Terror- oder/und Sicherheitstraining. Eine Weigerung hätte keine arbeitsrechtlichen Folgen. Eine Gefährdungslage ist bereits gegeben, wenn das Auswärtige Amt eine Ausreise-Aufforderung aus dem betroffenen Gebiet oder eine Reisewarnung verkündet hat. Entsteht die Gefahr für Leib und Leben während des Aufenthaltes, kann der Auftragnehmer die Arbeit verweigern, wenn er keinen Schutz erhält.

Ergeben sich aus der Situation oder anderen Umständen, die Notwendigkeit, Verträge zu kündigen, sollte das umgehend erfolgen.

Eine wesentliche Gefährdung der Baustelleneinrichtung ist ein Brand. Deshalb sollte der Brandschutz Gegenstand von dazu erforderlichen Maßnahmen und Belehrungen sein.

Siehe hierzu Anlage 11 Muster „Brandschutzordnung".

Abschluss des Einsatzes

4

4.1 Abnahmeordnung

4.1.1 Dokumente

Voraussetzung für Abnahmen im Sinne des Vertrages sind nutzungsfähige Abschnitte des Bauvorhabens

- die einzeln für den Investor nutzungsfähig sind
- die technologisch abgeschlossene Leistungen eines Unternehmens verkörpern, deren ordnungsgemäße Eigenschaften abschließend nachgewiesen wurden
- die für Dritte voll nutzungsfähig sind
- die vollständige oder vereinbarte teilweise Vertragserfüllung darstellen.

Zum Nachweis dieser Eigenschaften sind je nach Art der Leistungen vorzubereiten:

- aktualisierte Projektdokumentation
- Nachweis der projektierten Technologie-, Schutz- und Aufwand-Eigenschaften
- Ablauf, nachzuweisende Parameter bei Funktionsproben, Probebetrieb
- Ablauf, Einladung der Teilnehmer zur Abnahme
- Inbetriebnahme unter Teilnahme der eingewiesenen Bedienkräfte

Es ist günstig, die Voraussetzungen für eine erfolgreiche Abnahme vorher in einer
„Abnahmeordnung" den Beteiligten bekannt zu geben, die in Anlehnung an diese Angaben projektbezogen ausgearbeitet werden kann.
Bei Vorliegen der Voraussetzungen kann der Übergebende den Bauherrn/Auftraggeber zur Abnahme auffordern. Im Zusammenhang damit hat der Übergebende dem

© Springer Fachmedien Wiesbaden 2016
K. Micksch, *Bauleitung im Ausland*, DOI 10.1007/978-3-658-13903-2_4

Übernehmenden rechtzeitig die zu den Funktionsproben bzw. dem Probebetrieb notwendigen Mitwirkungsleistungen schriftlich bekannt zu geben, bzw. am besten gemeinsam zu protokollieren, um die Voraussetzungen zu prüfen:

- Energie, Gas, Wasser, Abwasser (Parameter, Bereitstellungstermin, Dauer, Menge)
- Grund- und Hilfsmaterialien
- erforderliche Zwischenprodukte (Art, Parameter, Belastung, Menge, Termin)
- anfallende Zwischen- und Abfallprodukte (Art, Parameter, Menge, Termin, Entsorgung)
- besondere Sicherheitsmaßnahmen (Löschanlagen, medizinische Bereitschaft)
- Entsorgungsanlagen, Schutzwände, Wasserwand o. Ä.

Für den gesamten Prozess der Vorbereitung und Durchführung der Abnahme wird ein Ablaufprogramm erforderlich, das ausreichende Angaben zu Maßnahmen bei Verzug oder Havarien enthält.

4.1.1.1 Abnahmedokumentation

Zur Abnahme sind die notwendigen Dokumente, ggf. auch handrevidiert, zu übergeben. Es folgt eine Auswahl zu beachtender Dokumente, die nach Projektbedarf zu wählen sind:
   Allgemeine Dokumente

- Werkszeugnis, in dem der AN die vertrags- und projektgerechte Fertigstellung und die Einhaltung der geltenden Regeln der Technik erklärt
- revidierte Projektzeichnungen, Beschreibungen, Pläne und Schemata, Stücklisten
- Genehmigungen der Behörden zur Nutzung aus Sicht der Bauaufsicht, des Gesundheits-, Arbeits- und Brandschutzes, des Umwelt-, Natur- und Landschaftsschutzes, der Luft-Sicherheit, der Wasserwirtschaft, der Feuerwehr, der Polizei u. a.
- Gutachten zu Standfestigkeit, Schall-, Brand- und Umweltschutz, Bodengutachten
- Materialzertifikate, Prüfprotokolle, CE – Konformitätsnachweise
- Ersatz- und Verschleißteillisten mit Liefernachweisen
- Bedienungs-, Wartungs- und Instandsetzungsvorschriften
- Dokument für spätere Arbeiten am Bau
- Bauakte mit Bautagebuch, Aufmaßen und zugehörigen Protokollen, soweit noch nicht übergeben

Dokumente für Bauleistungen

- rückvermessene Lagepläne, Protokoll der Verlegehöhen,
- Beton-Würfelprotokolle, Prüfnachweise für B35,
- Zertifikate für Stahlelemente, Einbauten, Baustoffe, Materialien, Fertigteile, Holz
- Standsicherheitsnachweis, Berechnungsunterlagen, Festigkeitsnachweise
- Prüfnachweis des Prüfstatikers zu Beton, Bewehrung, Stahl- bzw. Holzbau
- Nachweis des Korrosionsschutzes (rostfreie Säuberung, Grund- und Deckanstrich)
- Atteste zu säurefesten, rutschsicheren, hitzebeständigen u. ä. Anlagenteilen

Dokumente für Maschinentechnik

- Behälter: Prüfbescheinigungen, Stücklisten, Zeichnungen, Druck- und Spülprotokoll
- Rohrleitungen und Armaturen: vermessene Verlegepläne, Druck- und Dichtheitstest,
- Maschinen: Fundamentplan, Montagezeichnung, Motorenmaßblatt, Kennlinien
- CE- bzw. Überwachungszeichen

Dokumente für Haus- und Elektrotechnik

- Herstellerbescheinigungen, Zulassungen,
- Zeichnungen, Anschluss- und Schaltpläne
- Prüfprotokolle zu Isolation, Erdung, Hochspannung, Regelverhalten, Trafoöl, Relais
- Vermessene Aufstellungs- und Verlegepläne, Kontrolle Kabelkennzeichnung
- Freigabemeldungen für Kabel, Schaltanlagen, Regelungen, Leitungen, Ex-Schutz
- Prüfprotokolle, Probebetriebsprotokolle, Funktionsnachweise der Aggregate
- Lade-, Betriebs- und Wartungsvorschriften, Prüfprotokoll, Entlüftung
- Nutzungsgenehmigung des Energieunternehmens, der Trink- und Abwasserbehörde

4.1.2 Leistungen

Im Rahmen der Abnahmen sind neben der Bereitstellung der Dokumentation weitere Leistungen je nach Projektinhalt zu realisieren:

4.1.2.1 Einweisung Bedienungspersonal

Rechtzeitig vor der Abnahme ist das Bedienungspersonal einzuweisen. Das erfolgt häufig bei dem Hersteller der Anlagen in Europa, bzw. Deutschland. Dazu sind die
Menge bereitzustellender Arbeitskräfte zur Betreibung abzustimmen, darunter für

- Wartung
- Betreibung
- Instandsetzung
- Sicherung
- Analyse und Dokumentation

gegliedert nach

- Qualifikation
- Einsatzort
- Einsatzzeit und Schichtregime
- Aufgaben
- Aufsicht und weisungsberechtigte Führungskraft
- Reserven

Außerdem sind geeignete Bedienungs-, Wartungs- und Instandsetzungsunterlagen in der Landessprache bereitzustellen. Die Qualifikation des Bedienungspersonals ist schriftlich zu dokumentieren und wird Teil der Abnahmedokumentation.

4.1.2.2 Funktionsproben, Probebetrieb

Mit Beendigung der Leistungen ist der Nachweis der Qualität und der Funktionsfähigkeit notwendig. Neben einfachen Messungen und Tests sind dazu Funktionsprüfungen und bei Anlagen auch ein Probebetrieb unter Einsatzbedingungen notwendig. Dazu erfolgt ein Nachweis durch Protokolle, die folgenden Mindestinhalt aufweisen sollten::

Protokolle der Funktionsproben:

- Freigabe der Anlage durch die zuständigen Behörden und die Abnahmekommission
- Vorlage revidierter Ausführungs-, Bedienungs- und Wartungs-Dokumentation
- Nachweis der projektgerechten Fertigstellung der Anlagen
- Beräumung und Reinigung (Spülen, Säuern, Ölen) der Anlage
- Ablaufplan, Termin und Dauer der Funktionsproben
- Ergebnisse: kontrollierte Parameter, Messwerte, Mängel, Festlegungen zur Beseitigung

Protokoll des Probebetriebes

- Nachweis der erfolgreichen Funktionsproben und der Mängelbeseitigung
- Nachweis der Mitwirkungsbereitschaft des Auftraggebers, Einweisungsnachweis der Bedienung
- Freigabe des Programms und der Parameter durch die zuständigen Behörden
- Nachweis des komplexen Zusammenwirkens, der ordnungsgemäßen Bedien- und Steuer- bzw. Regelbarkeit der Anlagen bei unterschiedlicher Belastung und über längeren Zeitraum ohne Mängel

4.1.3   Abnahmeprotokoll

Nach Vorliegen der Aufforderung zur Abnahme durch den Auftragnehmer oder auf Veranlassung des Auftraggebers wird zur Abnahmehandlung eingeladen. Man unterscheidet:

- Die förmliche Abnahme mit beidseitiger Teilnahme und Protokollierung ist allgemein üblich.
- Die fiktive Abnahme, soweit sie vertraglich vereinbart wurde, wird oft nach schriftlicher Fertigmeldung wirksam.
- Die wirksame Abnahme durch konkludentes Handeln bzw. die Nutzung des Vorhabens durch den Bauherrn, soweit diese nicht zur Fortsetzung der Leistungen am Bauvorhaben dient und vertraglich nicht ausgeschlossen wurde, kann u. U. so erfolgen.

Voraussetzung für Abnahmen im Sinne des Vertrages sind nutzungsfähige Abschnitte des Bauvorhabens. Zum Nachweis dieser Eigenschaften sind je nach Art der Leistungen vorzubereiten:

- Vorliegen einer aktualisierten Projektdokumentation, ggf. handrevidiert
- Nachweis der projektierten Technologie-, Schutz- und Aufwand-Eigenschaften
- Ablauf, nachzuweisende Parameter bei Funktionsproben
- Ablauf, Einladung der Teilnehmer, Probebetrieb
- Inbetriebnahme unter Teilnahme der eingewiesenen Bedienkräfte
- das Vorliegen der zur Abnahme notwendigen Dokumentationen und Protokolle
- die Einladung und Terminabstimmung mit allen notwendigen Beteiligten
- die ausreichende Kapazität zur Abwicklung der Handlungen
- Feststellung, dass die Anlagen frei von wesentlichen, die Funktion beeinflussenden Mängeln sind und vom Auftraggeber ausreichende Kontrollen der Mängelfreiheit möglich waren
- die Einigung über die Festlegungen im Abnahmeprotokoll

Es ist günstig, die Voraussetzungen für eine erfolgreiche Abnahme vorher in einer „Abnahmeordnung" den Beteiligten bekannt zu geben, die in Anlehnung an diese Angaben projektbezogen ausgearbeitet werden kann.

Bei Vorliegen der Voraussetzungen kann der Übergebende den Bauherrn/Auftraggeber zur Abnahme auffordern. Für den gesamten Prozess der Vorbereitung und Durchführung der Abnahme wird ein Ablaufprogramm erforderlich, das ausreichende Angaben zu Maßnahmen bei Verzug oder Havarien enthält.

Das beigefügte Muster kann für kleine und mittlere Vorhaben Verwendung finden. Großvorhaben erfordern eine größere Tiefe der Protokollierung. Mit der Unterzeichnung des Abnahmeprotokolls geht die Beweislast und der Gefahrenübergang an den Auftraggeber über.

Mit erfolgreicher Abnahme beginnen die Gewährleistungs- und Verjährungsfristen

Weil die möglichen Gewährleistungsfristen bzw. Mängelansprüche vertragsabhängig sind und dem sich änderndem Recht unterliegen, ist die jeweilige Forderung rechtlich sorgfältig zu prüfen.

Notwendig ist es, bei der Nutzung der Gewährleistungsansprüche

- die anzuwendenden oder anderen beidseitig eindeutigen schriftlichen Willenserklärungen zur Gewährleistung und zur Mängelbeseitigung
- die ständige Übersicht über die Endtermine des Gewährleistungszeitraumes zu behalten
- den exakt schriftlich zu vereinbarenden Start der Gewährleistungsperiode zu dokumentieren und zu beachten
- Mängel korrekt zu beschreiben, den Anspruch zu definieren, Fristen zu setzen,
- für den Fall der Verletzung der Pflicht Konsequenzen anzudrohen und Schadenersatz zu fordern

- den sich ändernden Endtermin bei Mängeln nach der Abnahme zu kontrollieren
- Mängel, die bereits vor der Abnahme festgestellt wurden, zwingend schriftlich im Abnahmeprotokoll als offen zu deklarieren und das Ende der Gewährleistungszeit damit auch offen zu halten
- die an die Gewährleistung häufig gekoppelte Bankgarantie für die Gewährleistungsansprüche entsprechend anzupassen, soweit notwendig

Dazu sollte eine entsprechende Übersicht vorliegen:

- Bank der Gewährleistungsgarantie
- Leistung, Unternehmen
- Datum der erfolgreichen Abnahme, mögliche Mängelanzeige
- Datum des Beginns und Ende der Gewährleistungsfrist lt. Vertrag
- Mögliche maximale Verlängerung bei wesentlichen Mängeln

Zu beachten sind die unterschiedlichen Bedingungen für die Hemmung der Verjährung und gesetzliche Änderungen des Landesrechts, die aktuell zu prüfen sind.

4.1.3.1 Mängelbeseitigung

In der Regel gibt es bei und nach Abnahmen großer Anlagen stets festgestellte Mängel, für deren Beseitigung noch Leistungen erforderlich werden. Je nach Bewertung durch den Bauherrn kann es dazu führen, dass die Ausreise erst nach Erledigung der Mängel erlaubt wird. Deshalb ist es besonders wichtig:

- in einer Abnahmeordnung eine Ausreiseerlaubnis auszuschließen
- Mängel als wesentlich und unwesentlich zu definieren und die Folgen zu präzisieren
- im Abnahmeprotokoll klare Termine und Verantwortungen Dritter klar zu definieren
- einen ausreichenden Zeitrahmen für die Mängelbeseitigung zu vereinbaren, um nicht in Zeitnot mit nicht definierbaren Folgen zu kommen

Siehe hierzu Anlage 10 Muster „Abnahmeordnung"

4.2   Baustellenberäumung

4.2.1   Abbau, Rückführung

Für die Baustellenberäumung ist Folgendes zu beachten:

- Ist im Vertrag ein ausreichender Zeitraum vereinbart?
- Sind ausreichend eigene Arbeitskräfte für Beräumung und Rückführung der Maschinen und Einrichtungen vorgesehen?

- Sind ausreichende Mittel für den Einsatz Dritter vorgesehen?
- Sind alle Zahlungsverpflichtungen im Lande, u. a. für Sozialversicherungen u. Ä. erfüllt?
- Ist der geplante Verkauf von Bau- und Montageanlagen vorbereitet?
- Sind alle Zolldokumente geprüft und nutzbar?
- Sind alle Transporte vertraglich vereinbart?
- Ist geklärt, wer an wen zu übergeben hat?
- Sind für die letzten Arbeitskräfte einschl. Bauleiter die Ausreisedokumente bereit.

4.2.2 Auswertung des Auslandseinsatzes

Bei der Rückmeldung im Unternehmen sind die sofort notwendigen Informationen der zuständigen Struktureinheit mitzuteilen. Dazu gehören insbesondere:

- Für das Unternehmen gefährliche Aktivitäten der Konkurrenz in dem Land
- Gefahren für die im Land verbliebenen Mitarbeiter des Unternehmens
- Drohender Zahlungsausfall wegen möglicher Zahlungsunfähigkeit des Auftraggebers
- Dringende Maßnahmen zur Unterstützung der im Land verbliebenen Mitarbeiter

In einer ausführlichen schriftlichen Berichterstattung sind darzustellen

- Einschätzung der zuverlässigen Schlusszahlung und notwendiger Mängelbeseitigung
- Erfahrungen mit den zuständigen Personen des Auftraggebers und der Kooperation
- Auswertung der inhaltlichen und organisatorischen Zusammenarbeit mit diesen
- Wertung der Zusammenarbeit mit dem eigenen Unternehmen und den Personen
- Kritische Auswertung der eigenen Arbeit und des Teams
- Vorschläge für Maßnahmen und Hinweise für Folgeeinsätze
- Wertung der Werbewirkung der Leistungen und möglicher Folgeaufträge
- Wertung der Wirkungen der politischen, kulturellen und religiösen Situation
- Erfahrungen aus Sicht des Versicherungs-, Arbeits- und Gesundheitsschutzes
- Darstellung offener Fragen aus Sicht des Teams, Kostenbewertung, Abrechnung

4.3 Zahlungen

4.3.1 Sicherungsformen

Es ist üblich, dass Teilleistungen mit einem Anteil des Gesamtpreises bezahlt werden. Dabei verbleiben jedoch in der Regel 10 % bis zur Endabnahme und 10 % für den Gewährleistungszeitraum einbehalten. Varianten sind:

- Zahlungen für abgeschlossene, nutzungsfähige Teilanlagen, Teilflächen, Teilobjekte
- Zahlungen für Leistungsanteile, die im Rahmen einer Begehung und vorher übergebenen Berechnung vom Auftraggeber als Fläche, Preisanteil, Arbeitkräftevolumen o. Ä. als realisiert bestätigt werden

Als Nachweis der vertragsgerechten Erfüllung dienen die beidseitig unterschriebenen Abnahmeprotokolle ohne Zahlungsbegrenzung oder Zahlungseinwände. Deshalb kommt der Qualität der Abnahmedokumente und der Abnahmevorbereitung eine besondere Bedeutung zu.

Die häufigsten Ursachen für die Weigerung, die Abnahme als zahlungsauslösenden Moment zu werten sind

- Fehlende Zeichnungen, Zertifikate, Prüfprotokolle, Bedienungsanleitungen u. a. Dokumente
- Fehlende bzw. angeblich unzureichende Einweisung des Bedienpersonals
- Kleine Mängel
- Fehlende Anwesenheit kompetenter Vertreter des AG

Siehe hierzu Anlage 10 Muster „Abnahmeordnung"

Abhängig von den realen vertraglich möglichen Bedingungen, gilt es eine ausgewogene Balance zwischen den am Projekt Beteiligten zu erreichen. Öffentlich-rechtliche Auftraggeber haben kein Insolvenzrisiko, allerdings das Risiko der Zahlungsverweigerung und langwieriger Verwaltungsgerichtsprozesse.

Zur Schadensabwendung dienen folgende Formen, die je nach Land auch im Ausland vereinbart werden können:

- **Unwiderrufliche Zahlungsversprechen** anerkannter Banken auf 1. Anfordern mit den folgenden Formen:
- **Bietungsgarantie** sichert dem Bauherrn, dass nur realisierbare Angebote unterbreitet werden, weil Bieter bei Nichtleistung haftet
- **Anzahlungsgarantie** sichert dem Bauunternehmen die Startfinanzierung und dem Bauherrn die Bezahlbarkeit der Leistungen, wenn das Bauunternehmen ausfällt, der Betrag wird bei den Leistungsrechnungen proportional abgezogen
- **Leistungsgarantie** wirkt als Sicherheit für die Fortsetzung der Leistungen zwischen den Abschlagszahlungen bis zur Abnahme
- **Zahlungsgarantie** zum Schutz des Bauunternehmers
- **Gewährleistungsgarantie** sichert die Mängelbeseitigung in der Gewährleistungszeit
- **Anzahlung:** Bei Anlagen, großen Aufträgen und Investitionsgütern, die Vorleistungen erfordern, bei der Gefahr der Vertragskündigung, üblich 10 % des Vertrages
- International übliche Bankgarantien werden in der Regel nach den ICC-Bankgarantierichtlinien (Uniform Rules of Demand Guarantees) URDG 758 abgewickelt. Dafür enthält die Richtlinie Musterformulare für verschiedene Garantiearten.

4.3.1.1 Sicherheiten nach Zivilrecht

- **Verpfändung** von Geld, beweglichen Sachen oder Wertpapieren, dabei erfolgt die Übergabe der Sache an den Gläubiger
- **Grundschuld:** Verpfändung von Grundschulden, einer Geldsumme mit dinglicher Haftung, ohne persönliche Haftung des Schuldners. Die Form ist nur ratsam, wenn im Land ein qualifiziertes Grundbuch und Kataster existiert, das Eigentum eindeutig zuordenbar ist und der Grundstückswert real berechnet werden kann.
- **Hypothek** Bestellung an einem Grundstück mit persönlicher Haftung des Schuldners, nicht ratsam, weil in vielen Ländern das Eigentum an Grundbesitz schwer nachzuvollziehen ist.
- **Privatbürgschaft:** Stellung eines vermögenden ausländischen Bürgen mit Gerichtsstand und Bank im Inland,
- **Sicherungsübereignung** von Wertsachen oder anderen beweglichen Sachen, Schuldner bleibt Eigentümer.
- **Sicherungsabtretung** von Forderungen des Schuldners gegenüber Dritten an den Gläubiger.
- **Vorauszahlung:** bei unsicheren Kunden, unklaren oder schwierigen landesspezifischen Währungs- und Wirtschaftsbedingungen bzw. ausreichender Nachfrage empfehlenswert
- **Begrenzung** der offenen Forderungen durch Vereinbarung von Teilabnahmen und Teilzahlungen
- **Zahlungsplan:** Vereinbarung eines Zahlungsplanes, der die Höhe der offenen Forderungen im Rahmen von möglichen materiellen Eigentumsvorbehalten zugunsten des Bauunternehmers oder abhängig von Teilabnahmen durch den Bauherrn gewährleistet.
- **Eigentumsvorbehalt,** ist in Europa eine übliche Form, im sonstigen Ausland wirkungslos, wenn damit nicht Elemente einer fehlenden Funktionsfähigkeit ohne Mitwirkung des Auftragnehmers verbunden sind.

4.3.1.2 Exportübliche Sicherungsformen

- **Akkreditive**
  Bei der Abwicklung internationaler Warenlieferungen gilt es auf der Grundlage üblicher „Incoterms" die Zahlung an die Übergabe von Zahlung auslösenden Dokumenten zu koppeln.
  Für Dokumenten-Akkreditive gelten die „Einheitlichen Richtlinien und Gebräuche für Dokumenten-Akkreditive- ERA"(2007) der ICC. Sie sind Standard in der Welt. Der Verkäufer hat die Sicherheit, bei Vorlage der Dokumente die Zahlung zu erhalten, der Kunde muss nur zahlen, wenn er die Ware übergeben bekommen hat. Formen sind:
- **Kasse gegen Dokumente D/P** (Documents against Payment) Lieferer übergibt die vereinbarten bestätigten Lieferdokumente an seine Bank zur Weiterleitung an die Bank des Empfängers, die bei Annahme der Dokumente und Zahlung durch den Empfänger den Rechnungsbetrag überweist; Gefahr bei Annahmeverweigerung durch den Empfänger oder Verlust bei Transport oder Nichtauslieferung aus dem Zolllager.

- **Dokumente gegen Bankakzept D/A** (Documents against Acceptance) Der Lieferer erhält statt der Zahlung ein Bankakzept des Empfängers, das der Lieferer durch Diskontierung bei seiner Bank verwerten kann (Rembourskredit), eine recht sichere Form der Abwicklung
- **Zahlung gegen Dokumentanakkreditiv L/C** (Letter of Credit) Der Empfänger stellt den vereinbarten (Teil-) Betrag bei einer Bank bereit. Die Auszahlung durch die Bank erfolgt gegen Vorlage der vom Käufer im Akkreditiv genannten Liefer- Dokumente. Es wird auch unter Einsatz von 2 Banken praktiziert. Diese Form des Rembourse ist bei Nutzung anerkannter Banken die sicherste Form der Abwicklung. Dazu gibt es „Einheitliche Richtlinien für Rembourse zwischen Banken-ERR" bzw. „Uniform Customs and Practice for Documentary Credits-UCP" des ICC:
- **Zahlung bei Lieferung COD** (Cash on Delivery) Diese Form „Zug um Zug" ist aktuell die häufigste Form für unterschiedlichste Geschäfte. Bei wertintensiven Investitionsgütern ist jedoch Vorsicht geboten und durch Teillieferungen die Funktionsfähigkeit erst bei Zahlung der Anlagen zu gewährleisten.

4.3.1.3 Randbedingungen

- Bei der Zahlungsabwicklung sind u. a. Zahlungsauftrag, Dokumenteninkasso, Spediteurinkasso und Dokumenten-Akkreditive üblich.
- Bei dem grenzüberschreitenden Güterverkehr gilt das „Übereinkommen über den Beförderungsvertrag im internationalen Straßengüterverkehr (CMR)"
- Für die Zollabwicklung gilt das „Merkblatt zum Einheitspapier", das bei Ausfuhren dementsprechend auszufüllen ist und alle erforderlichen Verfahrenscodes enthält.
- Die Zollbehandlung bei der Einfuhr beginnt mit dem Zollantrag durch den Anmelder entsprechend dem lt. Zollkodex auszufüllenden Einheitspapier.
- Vereinfachte Verfahren gelten produkt-, wert- und länderspezifisch.
- Das „Handbuch der Exportkontrolle – HADDEX" des Bundesausfuhramtes BAFA in Eschborn, erschienen im Bundesanzeigerverlag, beantwortet viele Fragen.
- Bei den Dokumenten-Akkreditiven sind nur die Dokumente, nicht die Art, Qualität oder Menge der Waren der Gegenstand der Abwicklung.

4.3.1.4 Versicherungen

- **Haftpflichtversicherung** für Fälle, dass der Versicherungsnehmer von Dritten auf Schadenersatz in Anspruch genommen wird, insbesondere als Bauherren- Haftpflicht bei möglichen Unfällen genutzt, auch für Gewässerschäden nutzbar
- **Bauleistungsversicherung** für Bauunternehmer gegen Schäden durch unvorhergesehene Ereignisse, Zahlungsausfälle und Unfälle
- **Kautionsversicherung** schont das Kreditvolumen bei Bürgschaften
- **Feuerversicherung, Rechtsschutzversicherung, Unfallversicherung** Für das Team ist auf alle Fälle eine Auslandskranken- und Unfallversicherung erforderlich, um den Rücktransport bei Bedarf bezahlen zu können.

- **Baugeräteversicherung,** Glas- und EDV-Versicherung, Einbruch-, Diebstahl-, Beraubungs- Versicherungen sind im Ausland nur in entwickelten Ländern wirksam.

4.3.1.5 Wechsel

- Er stellt ein Zahlungsversprechen ohne Einwandmöglichkeit unabhängig von dem Geschäft dar.
- Er hat den Ort und die Zeit der Ausstellung, das Verfallsdatum, den Wert in der vereinbarten Währung,
- den Namen des Wechselnehmers (Remittent), Name des bezogenen Schuldners (Trassant),
- Zahlungsort.
- Auf der Rückseite (in dosso) kann ein Vermerk zur Übertragung (Indossament) an Name/ Anschrift, Blanko oder Bank erfolgen.
- Nach deutschem Recht sind die Kosten des Auftraggebers für die Zahlungssicherheit bis zu 2 % vom Auftragnehmer zu tragen.

4.3.2 Verhalten bei Verzug oder Weigerung

Der Auftraggeber versucht im Fall eigener fehlender Liquidität, Zahlungen zu verzögern oder durch lapidare Erklärungen zu verweigern. Zu prüfen ist jedoch vor einer Anzeige, inwieweit ein ggf. zu vertretender Mangel einen Zahlungsverzug begründen könnte.

Unabhängig von der Art der Sicherung sollte sofort eine Anzeige erfolgen.

Bei Verzug sollte in der Anzeige eine Nachfrist gesetzt und die Unterbrechung der Leistungen angekündigt werden. Wird auch diese Frist nicht eingehalten:

- Können die Leistungen bis zum Eingang der Zahlung unterbrochen und die Forderung nach Mehrkosten erhoben werden
- Ist auf ein Zurückbehaltungsrecht für Dokumentation, Prüfprotokolle, Restlieferungen und Geräte hinzuweisen
- Sollte auf die Möglichkeit der Einklagung der Sicherungsart hingewiesen werden

Bei **Zahlungsweigerung** ist vor den nächsten Schritten eingehend zu prüfen, was die Ursachen dafür sein könnten. Stellt sich heraus, dass die eigenen Leistungen Anlass sein könnten, sind umgehend Verhandlungen zu führen. Ist mit fehlender Liquidität des Auftraggebers zu rechnen, sind Sofortmaßnahmen einzuleiten. Dazu gehört vor allem eine Anzeige mit folgendem Inhalt:

- Der Auftraggeber ist zu einem kurzfristigen Termin zur Zahlung aufzufordern
- Die Leistungen werden sofort abgebrochen, die Kündigung des Vertrages angedroht.

- Bewegliche Anlagen, Materialien und Geräte werden von der Baustelle entfernt.
- Das Einlösen der Sicherheit wird veranlasst.
- Eine Zwangsvollstreckung nach Landesrecht wird eingeleitet.
- Jede Gewährleistung abgelehnt.

International können die von der Internationalen Handelskammer ICC auf Konsens gerichteten Mediationsverfahren „Amicable Dispute Resolution- ADR" vertraglich vereinbart werden. Hat das keinen Erfolg gibt es das schnelle vertrauliche, preiswerte und auch vollstreckbare Schiedsverfahren nach der ICC-Schiedsgerichtsordnung.

Bei Streitfragen zu Bankgarantien bietet die ICC die DOCDEX-Regeln (Documentary Credit Resoltion Expertise) zur schnellen Streitbeilegung an.

Sind größere Vermögenswerte strittig, dann sollte man die jeweilige aktuelle Verzinsung und auch die Änderungen der Preise und der Preisanteile bei den Forderungen berücksichtigen:

Kapitalverzinsung

Aufzinsung $\mathbf{Kn} = Ko \times (1 + p/100)^n$	Kn – Kapital im Jahre o bis n
Ko – Kapital im Anfangsjahr o	n – Anzahl der Jahre
	p – verwendeter Zinssatz in %
Abzinsung $\mathbf{Ko} = Kn \times 1/(1 + p/100)^n$	Kn – End – Kapital
Ko – resultierendes Anfangskap.	n – Zahl der Jahre, p – Zinssatzp – Zinssatz

Preisgleitklauseln Sind die Preisanteile (a, b, c) konstant, gilt für Preisänderungen:

m-Materialpreis, l – Lohnkosten, n – sonst. Kosten

$$P_1 = a\underline{m_{1/}}m_0 + b\underline{l_{1/}}\,l_0 + c\,/\,\underline{n_1}/n_o$$

Verändern sich die Preis-Anteile a,b,c, dann gilt:

$$\mathbf{P'} = \underline{a}\,/\,a_0 m' + \underline{b'}\,/b_0 l' + \underline{c'}\,/c_0 n$$

Da im vorliegenden Handbuch auf den Auslandseinsatz orientiert wird, wurde hier auf die Darstellung in Deutschland üblicher Regelwerke, materiell-technischer Fragen und auf die ausführliche Darstellung allgemeiner Bauleitertätigkeit verzichtet bzw. nur kurz gefasst. Diese Angaben finden Sie im folgenden Fachbuch:

Siehe hierzu: Micksch, Konrad (2015) Bauleiterpraxis VDE Verlag

Internationale Normen

5

Diese Auswahl ist auf Bauvorhaben im Ausland bezogen, ist aber nicht landesspezifisch. Im Land ist auf die dort gültigen und vertraglich vereinbarten Normen zu achten.

AASHTO	Am.Assoc.of State Highway a.Transp.Off.	Verkehrsbautennorm
ABEC	Annular Bearing Engineers Committee	Am.Wälzlagernorm
ABS	American Bureau of Shipping	Schiffsnormen
ACI	American Concrete Institut	Betonnormen
AFNOR	Association Francaise de Normalisation	Allgemeine Normen
AGMA	American Gear Manfacturers Association	Am.Getriebenormen
AISI	American Iron and Steel Institute	Am. Stahlnormen
ANSI	American Standard Institute	Allgemeine Am.Normen
ASTM	American Society for Testing and Material	Am.Materialprüfungn.
API	American Petroleum Institute	Öl, spez. Dichte
ASME	American Society of Mechanical Engineers	Maschinenbaunorm
ASTM	American Society for Testing and Materials	Prüfnormen
AQAP	Allied Quality Assurance Publication	Militärnormung NATO
AWS	American Welding Society	Schweißnormen
AWWA	American Water Works Association	Wasserbau
BS	British Standards Institution	Allgemeine Norm
CASCO	Committee on Conformity Assessment (ISO)	Zertifizierung
CE	Communautés Européennes(Europ. Gemeinschaft)	Konformitätszeichen
CEC	European Commission of the Communities	Normung
CENELEC	Comité Européen de Normalisation Electrotechn.	Elektro-Normen
ECCA	European Coil Coating Association	Lackiernormen
ECISS	Europ. Committee for Iron + Steel Standardisation	Stahlnormen

© Springer Fachmedien Wiesbaden 2016
K. Micksch, *Bauleitung im Ausland*, DOI 10.1007/978-3-658-13903-2_5

EIA	Electronic Industries Association	Elektronische Normen
EOTC	Europ.Organization for Testing and Certification	Zertifizierung
ETSI	European Telecommunication Standards Institute	Telekommunik.Normen
FFT	Fast Fourier Transform	Schnelle Fouriertransfrm.
GLONASS	Global navigation satellit system	Weltweites Navi System
GOST	Feder.Agency on Techn. Regulating a. Metrology	GUS-Norm
GPS	Global positioning system	Positionierungssystem
HAR	Harmonization Agreement for cables and cords	Kabel und Leitungen
ICC	International Chamber of Commerce	Incoterms u. a.
IEC	International Electrotechnical Commission	Elektronormen
IEEE	Institute of Electrical and Electronics Engineers	Elektronormen USA
IRIG	Inter-range instrumentation group	Aufzeichnungsnormen
ISA	Industrial Standard Architetcture / Extended ISA	16-Bit/32-Bit-System
ISO	International Standardization Organization	Allgemeine Norm EU
JIS	Japanese Standards Association	Japan. Industrienormen
LRS	Lloyd's Register of Shipping	Schiffsnormen
MAC	Message authentication code	Nachrichtenautent.code
NACE	National Association of Corrosion Engineers	Korrosionsnormen
NEC	National Electrical Code	Elektronormen
NEMA	National Electrical Manufacturers Association	Elektronormen USA
ÖNORM	Österreichisches Normungsinstitut ON	Allgemeine Norm
SACMA	Suppliers of Advaced Composite Materials Ass.	Verbundwerkstoffnorm
SAE	Society of Automotive Engineers USA	Fahrzeugnormen
SNV	Schweizerische Normen – Vereinigung	Allgemeine Norm
UL	Underwriters Laboratories	Bestätigendes Labor
UNE	Asociacon Espanola de Normalizacion y Certific.	Spanische Normen
UTE	Union Technique de l'Electricite	Elektronormen
USBR	United States Bureau of Reclamation	Reklamationsordng.

5.1   Eurocodes

1. Grundlagen
   - Teil 1 Grundlagen für Konstruktion und Bemessung
   - Teil 2 Eigengewicht, Verkehrslasten, Schnee, Wind
   - Teil 3 Verkehrslasten auf Brücken
   - Teil 4 Silolasten
2. Betonbau
3. Stahlbau
4. Verbundbau

5. Holzbau

6. Mauerwerksbau

7. Grundbau

8. Erdbau

9. Aluminiumbau

5.2   Maßeinheiten

Kraft			
N	Newton	$1\ N=0,1\ kp=1 kgm/s^2$,(exakt: $1\ N=1/9,80665\ kp$)	
Druck			
N/mm²	Newton	$1\ N/mm^2=1\ MN/m^2=1\ MPa=0,1\ kp/mm^2$	
Pa	Pascal	$1\ Pa=1\ N/m^2$	
bar		$1\ bar=100\ kN/m^2=10\ N/cm^2$	
at	techn. Atmosph	$1\ at=1\ kp/cm^2=0,980665\ bar=9,80664\ N/cm^2$	
atm	physik.Atmosp	$1\ atm=1,033\ at$	
Torr		$1\ Torr=1\ mm\ QS(0°)=1,36\ cm\ WS$ (Wassersäule4°C)	
Wichte			
kN/m³		$1\ kN/m^3=100\ kp/m^3=1\ N/dm^3$	
Energie, Arbeit			
J	Joule	$1\ J=1\ Ws=1\ Nm=0,1\ kpm=2,78\times10^{-7}\ kWh$	
		$1\ kWh=3,6\ MJ=860\ kcal\ 10^9\ J=0,0341\ t\ SKE$	
toe	t oil equivalent	$1\ toe=1,50\ t\ SKE=1\ 270\ Nm^3\ Erdgas=44\times10^9\ J$	
tce, SKE	t coal equivalet	$1\ SKE=0,67\ toe=7000\ kcal=29,3\times10^{9\ J}$	
kWh	Kilowattstunde	$1\ kWh=860\ kcal,\ 1\ kcal=4,1868\ kJ=1,1628\ Wh$	
erg	Arbeit	$1\ erg=10^{-7}\ J$	
Leistung			
W	Watt	$1\ W=1\ Nm/s=1\ J/s,\ 1\ kW=1,36\ PS$	
PS	Pferdestärke	$1\ PS=0,73549\ kW$	
Sonstiges			
°C	Temperatur	$0\ °C=273,15\ K$	
°R	Reaumur	$°R=0,8\ °C$	
°F	Fahrenheit	$°F=9/5\ C+32$	
°K	Kelvin	$°K=-273,15\ °C\ 273,15°K=0\ °C$	
Umrechnung			
Atto	10^{-18}	Trillionstel	0,000 000 000 000 000 001
Femto	10^{-15}	Billiardstel	0,000 000 000 000 001
Piko	10^{-12}	Billionstel	0,000 000 000 001
Nano	10^{-9}	Milliardstel	0,000 000 001
Mikro	10^{-6}	Millionstel	0,000 001

Milli	10^{-3}	Tausendstel	0,001
Centi	10^{-2}	Hundertstel	0,01
Dezi	10^{-1}	Zehntel	0,1
Deka	10^1	Zehn,*ten	10
Hekto	10^2	Hundert,*hundred	100
Kilo	10^3	Tausend,*thousand	1 000
Mega	10^6	Million,*million	1 000 000
Giga	10^9	Milliarde,*billion	1 000 000 000
Tera	10^{12}	Billion,*trillion	1.000 000 000 000
Peta	10^{15}	Billiarde,*quadrillion	1 000 000 000 000 000
Exa	10^{18}	Trillion,*quintillion	1 000 000 000 000 000 000

*englisch/amerikanisch

Länge

inch	in	2,54 cm, 1 cm = 0,3937 in
foot	ft	30,48 cm = 12 in
yard	yd	91,44 cm = 3 ft, 1 m = 1,0936 yd
mile		1,6093 km = 1,760 yd, 1 km = 0,6214 mile
Int.nautical mile		1,852 km = 2,0254 yd

Fläche

sq.inch	in^2	6,4516 cm^2, 1 cm^2 = 0,1550 in^2
sq.foot	ft^2	144 in^2 = 929,03 cm^2,
sq.yard	yd^2	9 ft^2 = 0,8361 m^2, 1 m^2 = 1,1960 yd^2
acre		4,840 yd^2 = 4,0469 m^2
sq mile		640acres = 2,590 km^2, 1 km^2 = 0,3861 mile^2

5.3   Volumen

Cu inch	in^3	16,387 cm^3, 1 cm^3 = 0,0610 in^3
Cu foot	ft^3	1,728in^3 = 0,0283 m^3, 1 dm^3 = 0,0353 ft^3 = 1 l = 1,76 pt
Cu yard	yd^3	27 ft^3 = 0,7646 m^3, 1 m^3 = 1,308 yd^3 1 l = 2, 113 USpt
Fluid ounce	fl oz	28,413 ml *USA: 29,574 ml*
pint	pt	0,5683 l,16 floz, *USA: 0,4732 l flüssig, 0,5506 l trocken*
gallon	gal	8 pt^3 = 4,5460 l(*USA:3,7854 l flüssig*), 1 hl = 21,997 gal
barrel	b, bbl	159 dm^3 = 1 Fass 1 hl = 26,417 US gal
crude oil	toe	1 t toe = 7,35 bbl = 1,5 t tce

5.4   **Gewicht**

ounce	oz	437,5grains	28,35 g, 1 g=0,0353 oz
Metric carat		0,2 g	3,0865 grains
pound	lb	16 oz	0,4536 kg,
stone	stone	14 lb	6,3503 kg 1 kg=2,2046 lb
hundredweight	cwt	112 lb	50,802 kg
ton	ton	20 cwt	1,016 t, 1 t=0,9842ton=1,1023short ton

Anlagen

6

6.1 Anlage 1

6.1.1 Checkliste Eignung

Vorhaben:................................. **Verantwortlicher:**.............................

Für Bauleiter u. a. Entsendete in das Ausland gelten folgende Anforderungskriterien:

Nr	Inhalt	Stand	Bemerkung
1	**Führungskompetenz**		
2	Fachliche Kompetenz,		
3	Verhandlungsfähigkeit kulturübergreifend, querdenkend		
4	Verarbeitung unstrukturierter, widersprüchlicher Situationen		
5	Lösung ungewohnter, unklarer Probleme plan-, zielgerecht		
6	Improvisationstalent, multikulturelle Führungsfähigkeit		
7	Loyale Identifikation mit den Zielen des Unternehmens		
8	Beziehungsnetzwerke auf-, ausbauen, pflegen, nutzen		
9	**Teamkompetenz**		
10	Motivationstechniken, konsequente Haltung, kontaktfähig		
11	Fürsorge, Entscheidungskraft, Vorbildwirkung		
12	**Konfliktlösekompetenz**		
13	Hohe Frustationstoleranz, Fähigkeit der Selbstkritik		
14	Flexibles Denken, kritische Prüfung traditioneller Ansichten		
15	Konflikt-, Überzeugungsfähigkeit		

(Fortsetzung)

© Springer Fachmedien Wiesbaden 2016   125
K. Micksch, *Bauleitung im Ausland*, DOI 10.1007/978-3-658-13903-2_6

Nr	Inhalt	Stand	Bemerkung
16	**Soziale Kompetenz**		
17	Emotionsfähigkeit, emotionale Stabilität		
18	Einfühlungsvermögen, Persönliche Ausstrahlung		
19	Kommunikationsfähigkeit, Freundlichkeit, Respekt, Takt		
20	Kooperationsfähigkeit, Offenheit, Veränderungsbereitschaft		
21	**Interkulturelle Kompetenz**		
22	Kenntnis und Beachtung der kulturellen Besonderheiten,		
23	Fremdsprachen, Perspektivenwechsel für Zielerreichung		
24	Flexible Einstellungen bei Konfliktsituationen		
25	Fremdbilder auswerten, Erwartungen begrenzen		
26	Verständnis für religiös bedingtes Verhalten		
27	Erfahrung, Verhalten bei der Teamführung im Ausland		
28	**Selbstkompetenz**		
29	Physische und psychische Leistungsfähigkeit, Ausbildung		
30	Leistungsbereitschaft, Engagement, Begeisterungsfähigkeit		
31	Selbständigkeit, Motivation, Zielorientiertheit		
32	Ausdauer, Belastbarkeit, Mobilität, Risikobereitschaft		
33	Zuverlässigkeit, Stress-Stabilität, Selbstsicherheit		
34	Kreativität, Flexibilität, Initiative, Pioniergeist		
35	Lernbereitschaft, Fähigkeit globalen Management-Denkens		
36	**Methodenkompetenz**		
37	Umgang mit Software, Internet, Medien		
38	Analyse, und Synthesefähigkeit,		
39	Lern- und Arbeitstechniken		
40	Abstraktes, visionäres Denken, Strukturieren		
41	Komplexe Problemlösefähigkeit		
42	Rhetorik		

6.2   Anlage 2

6.2.1   Checkliste Einsatzvorbereitung

Vorhaben:...Einsatzstart:............................

Delegierter:..................................... Funktion:...............................

Nr	Inhalt	Stand	Bemerkungen
1	Tauglichkeitsuntersuchung – landesspezifisch		
2	Notwendige Impfungen erhalten		
3	Vertretung vereinbart		
4	Auftrag, Direktive erhalten		
5	Fachliche Aufgabenstellung erhalten		
6	Verhandlungsvollmacht definiert		
7	Informationen zum Gebiet studiert		
8	Informationen vom Auswärtigen Amt erhalten		
9	Aktuelle politische und wirtschaftliche Infos		
10	Kenntnisse zu Kultur und Religion gesammelt		
11	Aufenthaltsbestimmungen des Landes bekannt		
12	Klimabedingungen ausgewertet		
13	Landesspezifische Besonderheiten bekannt		
14	Kenntnisse über Verhandlungspartner eingeholt		
15	Grundkenntnisse der Landessprache erlernt		
16	Notwendige persönliche Kleidung beschafft		
17	Kenntnis der Unterkunft im Land vorhanden		
18	Reiseroute vereinbart		
19	Reisepass noch gültig		
20	Reisedokumente vorbereitet		
21	Visa notwendig, vorbereitet		
22	Zollbedingungen bekannt, Unbedenklichkeit		
23	Mitnahmegenehmigungen erhalten		
24	Internationale Fahrerlaubnis vorhanden		
25	Information zur Versorgung vorhanden		
26	Ausschreibung, Vertrag, LV bekannt		
26	Technische Dokumentation erhalten		
28	Lastenheft, Raumbuch, Ablaufplan vorhanden		
29	Verhandlungsprotokoll, Forderungen gelesen		
30	Zahlungs-, Finanzierungsbedingungen bekannt		
31	Baustellenbedingungen, Baugrund bekannt		
32	Baustelleneinrichtungsplan vorhanden		
33	Bereitstellung Ausrüstung gesichert		
34	Baustellenkonto, Bank festgelegt, Währungen		
35	Kalkulation des Mittelbedarfes erfolgt		

(Fortsetzung)

Nr	Inhalt	Stand	Bemerkungen
36	Sicherheitsbedingungen im Land bekannt		
37	Familie vorbereitet bei Mitreise oder Verbleib		
38	Persönliche Versicherungen ab-, angemeldet		
39	Nutzbare deutsche Partner im Land bekannt		
40	Abmeldeformalitäten bekannt, vorbereitet		
41	Rückführung, Verkauf von Bauausrüstungen klar		
42	Wiedereingliederung im Unternehmen sicher		

6.3   Anlage 3

6.3.1   Checkliste Zusatzvertrag

Vorhaben: .... Land:.................................
Mitarbeiter, Name, Funktion:.............Geplante Aufenthaltsdauer von......... bis.........

Nr	Inhalt	Stand	Bemerkung
1	**Arbeitsvertrag**		
1.1	Bleibt Text des Arbeitsvertrages erhalten?		
1.2	Wurde Zusatzvertrag mit neuen Aufgaben vereinbart?		
1.3	Besteht Betriebszugehörigkeit fort?		
1.4	Ist Wiederaufnahme der Arbeit nach Rückkehr vereinbart		
1.5	Sind Gehalt, Überstunden, Urlaub, Zulagen definiert?		
1.6	Wird Steuer, Betriebrente nach „Schattengehalt" bezahlt?		
1.7	Ist Unternehmen auch Arbeitsort, gilt deutsches Recht?		
1.8	Wird Gehalt im Krankheitsfall weiter bezahlt?		
1.9	Ist ausreichend Zeit für die Vorbereitung (ca.3Monate)?		
2	**Versicherungen**		
2.1	Besteht Sozial-, Pflege-, Rentenversicherung fort		
2.2	Wird eine Ruhendstellung der Versicherungen vereinbart		
2.3	Wird die Freistellung von der ausländischen V. beantragt		
2.4	Besteht ein Doppelbesteuerungsabkommen im Ausland?		
2.5	Wird die betriebliche Altersrente aufrecht erhalten?		
2.6	Erfolgt eine zusätzliche Auslandskrankenversicherung?.		
2.7	Erfolgt eine Ausland-Haftpflicht- und Unfallversicherung		
2.8	Besteht die deutsche Arbeitslosenversicherung fort?		
3	**Familie**		
3.1	Reist die Familie kostenlos hin und zurück		
3.2	Wird die deutsche Wohnung daneben bezahlt, vermietet?		
3.3	Wird die Partnerin dort vom Unternehmen beschäftigt?		
3.4	Ist für Kinder dort ein bezahlter Schulbesuch möglich?		
3.5	Besteht im Krisenfall ein Rückkehrrecht der Familie?		
3.6	Werden Umzugs-, Reise-, Unterhaltskosten bezahlt?		
4	**Dokumente**		
4.1	Sind die Tauglichkeitsuntersuchungen aller erfolgt?		
4.2	Liegen die gültigen Impfausweise für das Land vor?		
4.3	Wurden die Aufenthalts- und Arbeitserlaubnis erteilt?		
4.4	Wurde die Vollmacht in der Landessprache bestätigt?		
4.5	Wurden Arbeits- und Standortbedingungen übergeben?		
4.6	Gilt die Fahrerlaubnis oder landesspezifische notwendig?		

(Fortsetzung)

Nr	Inhalt	Stand	Bemerkung
5	**Einsatz**		
5.1	Wird ein „Look and See Trip" vereinbart?		
5.2	Sind Personal- und Zahlungsvollmachten definiert?		
5.3	Wer ist disziplinarischer, weisungsbefugter Leiter?		
5.4	Sprache, Erfolgen Sprachkurs, Sicherheitstraining o. ä. ?		
5.5	Rückreise bei Krankheit und Ausreiseaufforderung?		
5.6	Beendigung nach Zweckerfüllung, Fristablauf?		
5.7	Fortsetzung von Auslandseinsätzen geplant?		
5.8	Nach Beendigung gilt mindestens Arbeitsvertragtext?		

6.4   Anlage 4

6.4.1   Checkliste Übernahme Bauleitung

Vorhaben:............................. **Verantwortlicher**...........................

1	Allgemein	Stand	Bem.
1.1	Vorhabenbezeichnung, Auftraggeber, Name, Adresse, Vertreter		
1.2	Liste der Beteiligten, Stand der Abstimmung, Aufbaustruktur, Akte		
1.3	Stand der Vorbereitung, Genehmigungs-, Ausführungs-Projekt		
1.4	Zielstellung des Vorhabens, Wirtschaft, Technik, Organisation.		
1.5	Vertragsangebot, Kompetenzen, Entlohnung, Dauer, Unterkunft		
1.6	Verflechtung mit anderen Vorhaben und Unternehmen		
2	**Verträge**		
2.1	Sicherung der Finanzierung kurz- und mittelfristig, Zahlungsplan		
2.2	Stand und Koordinierung der Planung aller Bereiche, Ablaufplan		
2.3	Stand und Art der Vergabebedingungen für Planung, Realisierung		
2.4	Stand der Vertragsbindung,-wirksamkeit, geltendes Recht		
2.5	Vollständigkeit der Vertragsunterlagen, Eignungsnachweise,		
2.6	Alle Vertragsbedingungen quittiert, Lücken, Sicherheiten,		
3	**Kalkulation, Abrechnung**		
3.1	Stand, Vollständigkeit und Nachvollziehbarkeit der Kalkulation		
3.2	Baustelleneinrichtung, Logistik, Preisgleitung, Ausrüstungen…		
3.3	Voraussetzungen für elektronische Datenverarbeitung, Software		
3.4	Bewertung der möglichen Nachträge, Risiken		
3.5	Abrechnungsmodalitäten mit Abnahmemodus geklärt		
3.6	Zinsen, Kreditkonditionen, Währungen, Banken geklärt		
3,7	Bauleiter- bzw. Baustellenkonto eingerichtet und gefüllt		
4	**Technik**		
4.1	Basisunterlagen, Layout, Bodengutachten, geltende Vorschriften,		
4.2	Spezialtechnologien, Materialien, Verfahrensträger, Statik		
4.3	Baustellenbedingungen, Altlasten, Infrastruktur, Natur, Klima		
4.4	Spezial-Transport- und Montageausrüstungen, Messtechnik,		
4.5	Randbedingungen für Unterbringung, Versorgung, Verständigung		
4.6	Notwendige Baustellen-, Material- und Transportwege – Sicherung		
4.7	Baufreiheitsbedingungen Abnahmebedingungen geklärt		
4.8	Gewährleistungsbedingungen, Dokumentation geklärt		
5	**Organisation**		
5.1	Zuständigkeiten Beteiligter, Vertreter und Vollmachten geklärt		
5.2	Berichterstattung, Kostenkontrolle, Abrechnung, Zahlungen		
5.3	Kontroll- und Rapportsystem des Vorhabens mit Verantwortlichen		
5.4	Beteiligung ausländischer Prüf- und Überwachungsorgane		
5.5	Versicherungen, Einreise-, Aufenthaltskonditionen geklärt		

Hierzu: Punkt 2.1.

6.5   Anlage 5

6.5.1   Checkliste Einsatz

Vorhaben:............................... **Verantwortlicher:**...............................

Nr	Inhalt	Stand	Bemerkungen
	Dokumente		
1	Personal-, Dienstausweis, Reisepass, Fahrerlaubnis		
2	Zollerklärung, Unbedenklichkeitsbescheinigung		
3	Impfausweis, Haus- bzw. Tropenapotheke		
4	Reisedokumente, Aufenthaltsgenehmigungen		
5	Vollmachten, Adressen, technische Unterlagen		
6	Landkarte, Telefonkarten, Hotel-, Wohnbestätigung		
	Startaufgaben		
7	Telefonische Anmeldung im Konsulat/Botschaft		
8	Bezug der Unterkunft, Meldung an Unternehmen		
9	Einlagerung der mitgebrachten Sachen		
10	Anmeldung bei dem Auftraggeber		
11	Besichtigung Baustelleneinrichtung, Baustelle		
12	Vorbereitung der Anlaufberatung, Einladungen		
13	Information über erreichbare Bank, Arzt, Polizei		
14	Adressen befreundeter Unternehmen		
	Baustelleneinrichtung (BE)		
15	Bauleiterbüro einrichten, Personal abfordern		
16	Baustelleneinrichtungsplan aktualisieren		
17	Veranlassen der Lieferungen für die BE		
18	Einrichten der gelieferten, gestellten Räume		
19	Veranlassen der Sicherheitsinstallation		
20	Organisation sofort benötigter Anlagen, Materialien		
21	Organisation der Versorgung für Personal		
22	Organisation der Logistik und der Betriebsstoffe		
23	Einrichtung der Werkstätten, Parkflächen vorbereiten		
	Baustellenbetrieb		
24	Durchführung der Anlaufberatung, Baubegehung		
25	Einweisung, Belehrung des eigenen Personals		
26	Vorbereitung, Durchführung der Rapporte		
26	Berichterstattung an eigenes Unternehmen		
28	Ständige vorbeugende Beweissicherung		
29	Kontrollen der vereinbarten Baufreiheiten		
30	Eindeutige Klärung des Baubeginns, der Termine		
31	Abfordern der Materialien, Ausrüstungen, Anlagen		
32	Organisation der Kontrollen des Wareneingangs		

(Fortsetzung)

Nr	Inhalt	Stand	Bemerkungen
33	Sofortige Reaktion auf Störungen des Bauablaufs		
34	Anwendung Rapport-, Baustellen-, Abnahmeordnung.		
35	Nutzung des Nachtragsmanagements		
36	Sicherung des Arbeits- und Gesundheitsschutzes		
37	Einrichtung Baustellenapotheke, 1.Hilfe-Organisation		
38	Organisation des Brandschutzes, Brandschutzordnung		
39	Durchsetzung der zahlungauslösenden Nachweise		

Hierzu Punkt 2.1.

6.6   Anlage 6

6.6.1   Checkliste Standort

Vorhaben:.......................... Verantwortlicher:..................................

Nr	Inhalt	Stand	Bemerkungen
1	**Lage**		
1.1	Koordinaten, Größe, Nutzbarkeit, Erweiterbarkeit		
1.2	Gelände, Klima, Bodenart, Grundwasser, Umwelt		
1.3	Bodenerwerb, behördliche Begrenzungen		
2	**Infrastruktur**		
2.1	Bezug von Roh-, Hilfs-, Treib- und Nebenstoffen,		
2.2	Angebot von Dienstleistungen, Metallbearbeitung		
2.3	Verkehrsnetz, Lebensverhältnisse, Kriminalität		
2.4	Medienversorgung, Kommunikations-, Freizeitnetz		
3	**Arbeitskräfte**		
3.1	Aufkommen, Einzugsgebiet, Qualifikation		
3.2	Qualifikationsbedarf, Lohn, Gehalt, Nebenkosten		
3.3	Organisiertheit, ethnische und soziale Struktur,		
3.4	Ausländereinsatz, Beschäftigungsgrad, Kultur		
4	**Logistik**		
4.1	Transportwege Straße/Bahn/Wasser/Luft, Grenzen		
4.2	Transportmengen, -Gewichte, Zeiten		
4.3	Fracht-, Einfuhrbedingungen, Zollverhalten, Preise		
4.4	Speditionen des Landes, nutzbare ausländische		
5	**Versorgung**		
5.1	Stromversorgung, Spannung, Leistung, Frequenz		
5.2	Trink- und Gebrauchswasserversorgung, Menge/d		
5.3	Gas-, Kraftstoff- und Ölversorgung, Art, Menge		
5.4	Kabel- und Leitungs-, Funksysteme		
5.5	Lebensmittel, Kleidung, Menge, Art		
5.6	Medikamente, Hilfsmittel, 1.Hilfe-Einrichtungen		
5.7	Nutzung erneuerbarer Energie Wärme, Strom u. a.		
5.8	Werkzeug, Hilfsmittel, Wartung, Reparaturen		
6	**Unterkunft**		
6.1	Hotels, Pensionen, Menge, Preise		
6.2	Mietwohnungen, Menge, Preise, Konditionen		
6.3	Wohn-Container, Art, Beschaffung, Miete, Kauf		

(Fortsetzung)

Nr	Inhalt	Stand	Bemerkungen
7	**Kultur**		
7.1	Politische Verhältnisse, Polizei, Parteien		
7.2	Dominierende Religionen, Machtgruppen		
7.3	Kulturelle Besonderheiten, Organe		
7.4	Hygiene, typische zu beachtende Erkrankungen,		
7.5	Umgangsformen, Freizeitgestaltung		
8	**Abgaben**		
8.1	Steuern, Gebühren, sonstige Kosten		
8.2	Versicherungen, Haftpflicht, Bauleistung		
8.3	Banken, Zinsen, Kredite		
8.4	Währungen, Kurse, Barabhebungen		

Hierzu Punkt 1.4

6.7   Anlage 7

6.7.1   Checkliste Notsituation

Vorhaben:......................... Verantwortlicher:...............................

Nr	Inhalt	Stand	Bemerkung
1	**Vorbereitung möglicher Fälle**		
2	Bereithalten von Notgepäck und Dokumenten		
3	Nutzungsfähige Kommunikationsmittel und Adressen		
4	Ständig erneuerbarer Trinkwasservorrat		
5	Bereithalten von Dauerlebensmitteln, Brandschutzmitteln		
6	Bereithalten geeigneter Treibstoffbehälter, Energiequellen		
7	Unterweisung des Teams zum Verhalten bei Notsituationen		
8	Vereinbaren eines Fluchtweges und einer Sammelstelle		
9	Aufgabenverteilung im Alarmfall, Ablaufkonzept		
10	Benennung der Fahrer der zu nutzenden Fahrzeuge		
11	Benennen der Person für die Information an die dt. Botschaft		
12	Durchführung eines Probetrainings für den typischen Fall		
13	Vereinbaren eines Signals für die jeweilige Situation		
14	Vereinbaren einer verschlüsselten Information an Dritte		
15	Abstimmung von Aktionen bei direkter Lebensgefahr		
16	Aktualisierung der Vorbereitung bei neuen Erkenntnissen		
17	**Bewerten der Situation**		
18	Naturkatastrophe, Brand, Überflutung,		
19	Generalstreik, politische Unruhen gegen Bauherrn bzw.Team		
20	Soziale, religiöse, sonstige Feindseligkeiten gegen das Team		
21	Brandstiftung, Überfall, Zerstörung, Waffengewalt		
22	Bezichtigung strafbarer Handlungen, politische Gewalt		
23	**Sofortmaßnahmen**		
24	Information des Stammhauses, der dt. Botschaft im Land		
25	Sammlung des Teams und Bewerten der Situation		
26	Flucht und Räumung der Baustelleneinrichtung notwendig?		
27	Verbleib in der Baustelle bzw. Einrichtung, abwarten?		
28	Besteht akute Lebensgefahr für das Team, Flucht möglich?		
29	**Naturkatastrophe**		
30	Aufnahme des festgelegten Notgepäcks durch Benannte		
31	Versorgung , Mitnahme Verletzter durch Benannte		
32	Organisierte Flucht laut Ablaufplan „Naturkatastrophe"		
33	Sammlung auf vereinbartem sicheren Sammelpunkt		

(Fortsetzung)

Nr	Inhalt	Stand	Bemerkung
34	**Angriff**		
35	Für mögliche massive Angriffe Fluchtweg vorbereiten		
36	Angriff einer Einzelperson oder einer Gruppe?		
37	Bei Einzelperson Festnahme, Verletzung versuchen		
38	Versuchen, Rufkontakt herzustellen, sich aber sichern		
39	Bei einer Zivilistengruppe Polizei rufen, verteidigen/Flucht?		
40	Bei bewaffneter Gruppe Polizei rufen, verbarrikadieren		
41	Bei Einsatz der Polizei gegen das Team keinen Widerstand		
42	Dokumente verbergen, Notgepäck an sicheren Ort bringen		
43	Dann bei Möglichkeit Flucht in deutsche Botschaft prüfen		

6.8   Anlage 8

Muster Baustellenordnung

Gliederung

6.8.1   Geltungsbereich

Eine Baustellenordnung verpflichtet alle am Bau Beteiligten zur Einhaltung der Grundsätze einer allseitigen, ordentlichen und kameradschaftlichen Zusammenarbeit auf der Baustelle. Sie ist zum Bestandteil aller abzuschließenden Realisierungsverträge zu machen. Sie gilt für

- Punktbaustellen mit enthaltener Baustelleneinrichtung
- Linienbaustellen und die zugehörigen gesonderten Baustelleneinrichtungen
- Dezentrale Baustelleneinrichtungen
- Lager-, Werkstatt- und Parkflächen für Baufahrzeuge

für die gesamte Dauer der Tätigkeit der Beteiligten auf der Baustelle.

Alle Beschäftigten und Besucher sind über die Baustellenordnung und die zugehörigen Ordnungen, besonders die Arbeits-, Gesundheits- und Brandschutzordnung vor Betreten der Baustelle aktenkundig zu belehren.

6.8.2   Leitung

6.8.2.1   Struktur
Mit der jeweiligen Struktur sind besonders folgende Angaben erforderlich:

- Name des Stammhauses, Name der Firma des Stammhauses auf der Baustelle
- Namen verantwortlicher Geschäftsführer, Vorstandsvorsitzender, Vertreter mit Vollmachten
- Firmenvertreter auf der Baustelle
- Adressen, Telefonnummern, Mobilnummern, Erreichbarkeit

Die Verantwortung für die Einhaltung der Baustellenordnung, die Koordinierung des Bau- und Montageablaufes hat der Leiter des Vorhabens. Dem entsprechend hat er auch alle Befugnisse und das Weisungsrecht zur Kontrolle und Durchsetzung von

- Ordnung, allgemeine und technische Sicherheit, Disziplin und Sauberkeit
- Arbeits- und Gesundheitsschutz
- Ablaufplanung und Störungsbeseitigung
- Arbeitsorganisation, Einhaltung der Arbeitszeit und des Schichtsystems
- Rapport- und Abnahmeordnung gemäß beiliegender Textvorschläge
- Einsatz von Arbeitskräften und Arbeitsmitteln

Zur Organisation einer straffen Leitung des Vorhabens setzt der Leiter des Vorhabens einen ständigen Vertreter ein, der dessen Weisungsrecht erhält. Er wird Diensthabender genannt, kann aber auch andere Bezeichnungen haben. Bei umfangreicheren Vorhaben setzen der Leiter des Vorhabens jeweils einen Objektverantwortlichen und die Leiter der beteiligten

Unternehmen jeweils Baustellenverantwortliche ein, die sich bei dem Objektverantwortlichen persönlich vorzustellen haben. Dabei erhalten sie eine Einweisung und eine Erstbelehrung zur Baustellenordnung und zu den aktuellen Bedingungen. Bei kleinen Vorhaben kann die Verantwortung aber auch nur ein Baustellenverantwortlicher übernehmen. Die benannten Verantwortlichen haben folgende Aufgaben:

- Tägliche Leitung und Koordinierung der Bau- und Montageausführung am Objekt
- Kontrolle des vertragsgerechten und effektiven Einsatzes der Arbeitskräfte
- Einleitung von Sofortmaßnahmen bei Störungen des Bauablaufes
- Abstimmung von Maßnahmen und Informationsaustausch mit dem ständig erreichbaren Diensthabenden bzw. seinem Vertreter gemäß gültigem Schichtplan
- Organisation von Sondereinsätzen, Belehrung von zusätzlichen Arbeitskräften,

6.8.2.2 Informationssystem

Zur Gewährleistung einer stabilen Kommunikation zwischen der Vorhabenleitung und den beteiligten Unternehmen wird ein Diensthabenden-System eingeführt. Die dazu benannten diensthabenden Ingenieure bzw. bevollmächtigten Bauleiter haben die ständige Erreichbarkeit zu sichern, um bei Havarien, größeren Unfällen, Katastrophen oder anderen Notsituationen sofort geeignete gemeinsame Schritte einleiten zu können und eine ständige Anleitung und Kontrolle zu gewährleisten.

Die Unternehmen haben Baustellenverantwortliche einzusetzen und sie zur Teilnahme an den Vorhabenberatungen gemäß Rapportsystem zu verpflichten. Dazu haben sie regelmäßig zu berichten über

- den Stand der Erfüllung der vertraglichen Pflichten
- den aktuellen Arbeitskräfteeinsatz
- Termineinhaltung, Qualitätssicherung
- Probleme der Teilnahme an der kooperativen Leistungsrealisierung
- Fragen des Arbeits-, Gesundheits- und Brandschutzes
- Beseitigung von Schwierigkeiten
- Realisierung getroffener Festlegungen

Die Baustellenverantwortlichen haben die ihnen unterstellten Arbeitskräfte über die Baustellenordnung und zugehörige Ordnungen aktenkundig zu belehren und besonders zu Arbeits-, Gesundheits- und Brandschutz die Belehrungen zu aktualisieren und zu wiederholen.

Die beteiligten Unternehmen haben für ihre Baustelleneinrichtung und ihren örtlichen Verantwortungsbereich Verantwortliche einzusetzen und dem Leiter des Vorhabens zu benennen.

Werden Arbeiten in Bereichen anderer Rechtsträger erforderlich, ist eine schriftliche Bau- und Montagegenehmigung einzuholen, in der die Verantwortungsbereiche, Nahtstellen, notwendige Freigaben für Medienanschlüsse, Schweißerlaubnis, Elektroanlagen, explosionsgefährdete Räume u. ä. vereinbart werden.

6.8.2.3 Übersicht geltender Dokumente

Für die Beschäftigten ist für die Dauer ihres Einsatzes auf der Baustelle ein Baustellenausweis mit Lichtbild auszustellen und bei Beendigung abzugeben. Er gilt jedoch bei Kontrollen oder Konflikten im Land außerhalb der Baustelle je nach landesspezifischen Festlegungen nur in Verbindung mit

- Der Arbeitserlaubnis
- Der Aufenthaltsgenehmigung
- Dem Personalausweis
- Dem Betriebsausweis des delegierenden Unternehmens

Außerdem gelten:

- Rapportordnung
- Brandschutzordnung
- Schlüsselordnung
- Abnahmeordnung
- Alarm- und Evakuierungsordnung

Die Baustellenordnung soll im Baustellenbereich öffentlich ausgelegt werden.

6.8.3 Arbeitskräfteeinsatz

6.8.3.1 Einsatzplanung

Die beteiligten Unternehmen haben rechtzeitig vor Beginn der Tätigkeit dem Leiter des Vorhabens den Personaleinsatzplan zu übergeben, der die Sicherung der Vertragstermine gewährleistet. Dazu gehören:

- Anzahl der Arbeitskräfte, Geschlecht und Einsatzdauer/Start-Enddatum
- Struktur nach Qualifikation, Verantwortung
- Einsatzort
- Ort der Unterbringung
- Arbeitszeit

Der Einsatzplan ist bei Änderung des Ablaufplanes oder äußerer Umstände zu aktualisieren und dem Leiter des Vorhabens mitzuteilen, wenn der Vertrag u. a. die Unterbringung und Versorgung durch ihn vorsieht.

Zum Einsatz im Ausland sind nur Arbeitskräfte vorzusehen, die über die entsprechenden Tauglichkeit- und Eignungsnachweise verfügen, die erforderliche Impfungen haben und die notwendigen Arbeits- bzw. Aufenthaltsgenehmigungen vorweisen können.

6.8.3.2 Einsatzbeginn, -ende

Vor Anreise und Arbeitsaufnahme erfolgt durch den Baustellenverantwortlichen mit dem Leiter des Vorhabens eine Anlaufberatung bei der besonders folgende Punkte zu protokollieren sind:

- Name und Vollmachten des Baustellenverantwortlichen und seines Vertreters
- Bezeichnung der Arbeitsaufgabe laut Vertrag und aktueller Leistungsbeschreibung
- Zahl der vorgesehenen Arbeitskräfte, Arbeitszeit und Schichtregime
- Hinweise zur erforderlichen Bau- und Montagefreiheit, zu Vermessungspunkten
- Hinweise zur Baustelleneinrichtung
- Einweisung in die Baustellenordnung der Arbeitskräfte

Zum Einsatzende ist ein Abschlussprotokoll anzufertigen, das besonders folgendes enthält

- Name und Vollmachten des zur Räumung der Baustelle Verantwortlichen
- Bestätigung, dass alle Pflichten der Arbeitskräfte zur Sozial- und Kranken- Versicherung des Landes erfüllt wurden und kein Hindernis für die Ausreise besteht
- Bestätigung der Rückgabe aller restlichen Baustellenausweise
- Ordentliche Übergabe der Unterkünfte und Versorgungseinrichtungen
- Beräumung der Baustelle und der Flächen der Baustelleneinrichtung
- Feststellung, dass keine offenen Fragen zum Arbeitskräfteeinsatz und zur Ausreise von beiden Seiten bestehen
- Vereinbarung der zuständigen Mitarbeiter beider Seiten für die Behandlung auftretender Mängel oder anderer Fragen

6.8.3.3 Arbeits- und Lebensbedingungen

Die allgemein gültigen Arbeits- und Lebensbedingungen sind im Vertrag zu definieren bzw. zum Einsatzbeginn genau zu vereinbaren. Sie beinhalten besonders

- Versorgung mit Lebensmitteln
- Soziale Betreuung
- Medizinische Betreuung
- Anforderungen an die Unterkunft
- Kulturelle Betreuung, Freizeitgestaltung

6.8.3.4 Arbeitszeitregime und -disziplin

Das Arbeitszeitregime, also Arbeitszeiten, Pausen, Schichtregime und Urlaub, ist klima- und belastungsabhängig vom Unternehmen mit dem Leiter des Vorhabens zu vereinbaren. Außerdem sind die Arbeitszeiten mit anderen Firmen, Transporteinrichtungen in Abhängigkeit vom Ablaufplan zu koordinieren.

Der Disziplin ist unter schwierigen Baustellenbedingungen durch den Baustellenverantwortlichen bzw. den Bauleiter besondere Beachtung zu schenken:

- Das Mitbringen, der Verkauf und der Genuss alkoholischer Getränke auf der Baustelle ist verboten
- Personen, die unter dem Einfluss von Drogen, Medikamenten und besonderen gesundheitlichen Beeinträchtigungen stehen, dürfen die Baustelle nicht betreten bzw. sind unverzüglich von der Baustelle zu verweisen
- Arbeitskräfte, die sich weigern, den Weisungen der Verantwortlichen zu folgen, sind von der Baustelle zu verweisen und anschließend hat eine Klärung der Ursachen des Verhaltens im Team zu erfolgen
- Alle Personen sind verpflichtet, die auf der Baustelle und der Baustelleneinrichtung befindlichen Anlagen und Geräte schonend zu behandeln. Für Beschädigungen sind sie melde- und schadenersatzpflichtig.
- Um das Auftreten ansteckender Krankheiten zu verhindern haben alle Personen die Sauberkeit und Trockenheit der sanitären Einrichtungen und Flächen, die von ihnen genutzt werden, zu sichern.
- Jeder Beschäftigte ist verpflichtet, im Katastrophenfall, bei Havarien und anderen Notsituationen auch außerhalb der vereinbarten Arbeitszeit notwendige Hilfsdienste zu leisten.

6.8.3.5 Fahrzeugführung

Fahrzeuge dürfen im Ausland nur genutzt werden, wenn der Fahrer über die notwendige landesspezifische Fahrerlaubnis verfügt, gesund, ausgeruht und psychisch belastbar ist. Der Fahrer hat sich vor dem Einsatz über die Besonderheiten der Verkehrsvorschriften, die Straßenbedingungen und die landesspezifischen Fahrweisen zu informieren.

Die Baustellenverantwortlichen haben bei dem Einsatz ausländischer Fahrer darüber zu informieren, ob sie sozial, kulturell oder religiös den besonderen Belastungen zu jeder Zeit gewachsen sind.

Auf der Baustelle sind die jeweilige Höchstgeschwindigkeit und die geltenden Regeln der Straßenverkehrsordnung und Sonderregeln der Baustelle zu beachten.

6.8.4   Beweissicherung

6.8.4.1   Bautagebuchführung

Von den Baustellenverantwortlichen der beteiligten Unternehmen sind ab Einsatzbeginn bis zur Übergabe Bautagesberichte täglich anzufertigen und in einem gebundenen Bautagebuch oder einer vereinbarten digital gesicherten Form zu führen. Schwerpunkte sind im anschließenden Muster dargestellt.

Auf der Baustelle sind alle Ein- und Ausgänge von Schreiben auf Basis einer Aktenordnung zu erfassen und dementsprechend zu sammeln bzw. zu speichern, um als Beweise genutzt werden zu können.

6.8.4.2 Beratungsprotokolle

Beratungen der Baustellenverantwortlichen mit Kooperationspartnern, Auftraggebern, Kontrollorganen und anderen Partnern am Bau- und Montagegeschehen sind umgehend zu protokollieren und den Teilnehmern zu Bestätigung zu übergeben, um sie bei Bedarf später rechtssicher zur Beweissicherung nutzen zu können. Besonders bei wesentlichen Bau- und Montageverzügen sind Protokolle als „Statements" mit dem Auftraggeber oder Kooperationspartner mit Unterschrift des jeweiligen Repräsentanten auf Basis des Vertrages und des gültigen Ablaufplanes unverzüglich anzufertigen.

Dabei sind anzugeben:

- Name, Funktion der Teilnehmer
- Ort und Zeit der Beratung
- Getroffene gemeinsame Festlegungen mit Verantwortlichem und Termin sowie ggf. notwendigen Voraussetzungen
- Unterschriften der beteiligten kompetenten Vertreter der beteiligten Unternehmen
- Verteiler des Protokolls
- Einseitige unbestätigte Vorschläge mit Ablehnungsbegründung

Die Protokolle sind auch den Vorgesetzten in den Stammhäusern zuzusenden.

6.8.4.3 Abnahmeordnung

Für die Abnahme von Teil- und Abschlussleistungen gilt eine gesonderte vorhabenbezogene Abnahmeordnung mit folgenden Schwerpunkten:

- Einladung der zur Abnahme notwendigen Teilnehmer
- Abschluss der Funktionsproben und des Probebetriebes
- Nachweis der Einweisung des Betreibungs- und Wartungspersonals
- Übergabe der Bedienungsanleitung und Verschleißteillisten mit Liefernachweis
- Übergabe der zur Gebrauchtabnahme notwendigen Dokumente

Sie ist je nach Leistungsinhalt zu präzisieren und zu aktualisieren.

6.8.5   Ordnung und Sicherheit

6.8.5.1   Baustellenausweisordnung

Durch die zu definierende Baustellenausweisordnung soll erreicht werden, dass ein Eindringen von kriminellen Elementen erschwert und die Sicherheit der Beschäftigten und der Anlagen erhöht wird.

Bei der Anfertigung der Baustellenausweise ist darauf zu achten, dass

- Eine elektronische Durchlasskontrolle mit Schlüsselfunktion möglich ist
- das Lichtbild eine eindeutiges Gesicht zeigt

- der Name, die Funktion und das entsendende Unternehmen enthalten ist
- der Bauherr und die Erreichbarkeit des Diensthabenden dargestellt sind
- Der Ausweis ein elektronisches nicht erkennbares Kontrollmerkmal enthält
- Alle Angaben neben deutsch oder englisch auch in der Landessprache lesbar sind
- Der Ausweis bei Verlust, Diebstahl oder Raub umgehend im Datenspeicher gelöscht werden kann.

Diese Ordnung wird in der Regel vom Bauherrn erlassen, eine Mitwirkung kann hilfreich sein. Vor der Ausgabe des Baustellenausweises kann sich ein Beschäftigter mit einem sofort ausstellbaren Passierschein und seinem Betriebsausweis auf die Baustelle begeben.

6.8.5.2 Bewachung der Baustelle

Für die äußere Bewachung der Baustelle ist der Bauherr zuständig. Er überträgt aber oft die Verantwortung an Sicherheitsfirmen, an GÜ oder GU. Unabhängig davon ist jedes beteiligte Unternehmen jedoch verpflichtet, für die mögliche Sicherung der Bauplätze sowie seiner Bauteil- und Materialbestände zu sorgen. Zur Baustellensicherheit gehört auch das Verbot, auf der Baustelle Video- oder Fotoaufnahmen ohne Erlaubnis des Diensthabenden vorzunehmen. Besichtigungen der Baustelle sind nur mit Erlaubnis des Diensthabenden erlaubt. In besonderen Situationen können die am Bau beteiligten Firmen verpflichtet werden, Beschäftigte zur Verstärkung der Bewachung im Schichtsystem oder nur nachts zur Sicherung wichtiger Bereiche einzusetzen.

6.8.5.3 Personal-, Wareneingangs-, Ausgangskontrollen

Das Betreten und Verlassen der Baustelle ist nur an den dafür vorgesehenen Ein- und Ausgängen mit den dazu erforderlichen Ausweisen oder anderen Dokumenten gestattet.

Für An- und Abtransporte ist ein gesonderter abgesperrter Bereich vorzusehen, in dem eine ordentliche Kontrolle erfolgen kann. Für die Materialbewegungen sind von den Unternehmen die mit dem Diensthabenden abgestimmten Fahraufträge, materialbegleitscheine oder gesonderte schriftliche Berechtigungen für das Fahrzeug erforderlich, die bei Warenausgängen vom zuständigen Baustellenverantwortlichen zu bestätigen waren.

6.8.5.4 Arbeits- und Gesundheitsschutz

Der Bauherr ist für die generelle Gewährleistung und Durchsetzung des Arbeits- und Gesundheitsschutzes auf der Baustelle verantwortlich, wenn er nicht diese Verantwortung an ein anderes Unternehmen vertraglich delegiert hat, das dann die Kontrollen durchführt und notwendige Entscheidungen gegenüber den beteiligten Unternehmen trifft.

Die Baustellenverantwortlichen des Unternehmens haben die Verantwortung für die Einhaltung des Arbeits- und Gesundheitsschutzes für das Team. Dementsprechend hat er die Beschäftigten aktenkundig über die erforderlichen Maßnahmen zu belehren. Dazu gehören die Durchsetzung der Anwendung notwendiger Arbeitsschutzausrüstungen bei gefährlichen Arbeiten und die grundsätzliche Helmpflicht für das Team und die Besucher bei Bauarbeiten auf der Baustelle. Helme sind mit dem Betriebskennzeichen zu versehen.

Stellen Beschäftigte Gefahrenquellen für das Leben und die Gesundheit der Beschäftigten oder für Einrichtungen und Anlagen fest, sind sie verpflichtet

- Beteiligte sofort zu warnen
- Bei ausreichender Sachkenntnis sofort Schutzmaßnahmen zu treffen
- Bei Unfällen und Erkrankungen sofort vorsichtig erste Hilfe zu leisten
- Die Gefahrenstelle zu bewachen und abzusperren
- den Diensthabenden oder örtliche Organe zu informieren
- den Bereich nach Möglichkeiten zu sichern.

Schafft ein Unternehmen ablaufbedingt eine Gefahrenstelle, ist es verpflichtet, für die Abwendung von Gefahren für die Dauer der Existenz selbst zu sorgen, Dazu gehören, Absperrungen, Warnschilder, Beleuchtung, Bewachung u. a.

Für besondere Arbeiten oder Situationen ist zu beachten:

- Elektroarbeiten: Für Schalthandlungen an Baustromanlagen sind nur eingewiesene Schaltberechtigte zugelassen. Für beteiligte Kooperationspartner sind übergebene abgesicherte Unterverteilungen nutzbar. Elektroanlagen dürfen nur durch dazu ausgebildete und beauftragte Arbeitskräfte errichtet, verändert, gewartet und instand gehalten werden. Der Zugang zu den Elektroanlagen ist ständig freizuhalten.
- Freileitungen: Müssen Arbeits- und Transportgeräte in der Nähe von Freileitungen arbeiten, ist sicher zu stellen, dass der Mindestabstand nicht unterschritten wird.
- Erdarbeiten: Für Schachtungen sind vorher eine Schachterlaubnis vom Diensthabenden und eine Einsicht in die Bestandspläne erforderlich. Bei dem Fund nicht eingetragener Leitungen oder Kabel ist die Arbeit bis zur Klärung zu unterbrechen. Bei Gruben ist auf den nach Bodenart notwendigen Bermenwinkel und auf den jederzeit möglichen Ausstieg zu achten. Gruben, Schächte und Kanäle im Bereich von Transportwegen sind durch Geländer oder Absperrungen zu sichern. Vor dem Verfüllen sind Leitungen und Kanäle einzumessen.
- Bauwerksöffnungen: Wandöffnungen in einer größeren Höhe, Durchbrüche in Decken und Fußböden sind durch nicht verrückbare und tragfähige Abdeckungen oder Schutzgeländer zu versehen.
- Fundmunition: Werden Munition oder Sprengmittel gefunden, so sind die Arbeiten im Bereich sofort zu unterbrechen, der Diensthabende und die in der Nähe arbeitenden Beschäftigten zu informieren und die Fundstelle zu kennzeichnen. Die Meldung hat folgende Angaben zu enthalten:
  - Name und Unternehmen des Finders
  - Ort und Zeit des Fundes
  - vermutete Art der Fundmunition und besondere Umstände des Fundes
- Gerüstbau: Gerüste sind erst nach schriftlicher Freigabe durch den Hersteller nutzbar. Die Nutzung der Gerüste durch andere Kooperationspartner ist erst nach einer schriftlichen Bestätigung des veranlassten Unternehmens erlaubt. An der Rüstung ist der

Herstellername und die Adresse anzubringen. Beschädigte oder nicht ordnungsgemäß errichtete Rüstungen sind sofort zu sperren. Nach Arbeitsende ist zu verhindern, dass Unbefugte über die Rüstung in das Bauwerk gelangen können.

- Sprengungen: Beabsichtigte Sprengungen sind 4 Wochen vor Beginn dem Diensthabenden zu melden, damit die Koordinierung den Schutz vor Gefahren für das Leben und die Gesundheit der auf der Baustelle Beschäftigten sichert.
- Toxische Stoffe: Arbeitet ein Unternehmen mit toxischen Stoffen, Lösungsmitteln, Säuren, Kraftstoffen und gefährlichen Chemikalien ist der Diensthabende darüber schriftlich vor Beginn zu informieren und nur an dafür vorher festgelegten Stellen durchführen. Das Unternehmen hat abzusichern, dass keine Verunreinigungen des Grundwassers oder der Abwässer hervorgerufen werden.
- Für Schweiß- und Brennschneidarbeiten ist vor Beginn eine Erlaubnis einzuholen, um den Schutz zu gewährleisten.
- Kranarbeiten: Werden Arbeiten über Arbeitsstätten oder über Verkehrswegen durchgeführt, ist vorher abzusperren, sind Sicherheitsposten einzusetzen und Schutzdächer anzulegen.
- Verlassen der Arbeitsstelle: Vor dem Verlassen ist zu gewährleisten, dass Unbefugte nicht in der Lage sind, Stromzuführungen einzuschalten, Maschinen und Geräte zu benutzen oder den Verkehr auf der Baustelle gefährden können.
- Lagerung: Müssen Bauteile oder Materialien in der Nähe von Baukörpern oder Verkehrsflächen gelagert werden, so müssen sie vor Kippen, oder Rutschen gesichert werden und sie dürfen nicht Einrichtungen der ersten Hilfe, des Arbeits- Gesundheits- und Brandschutzes verstellen oder verschließen.
- Hebezeuge: Die Nutzung abnahmepflichtiger Hebezeuge und Aufzüge darf nur durch dafür eingewiesene Arbeitskräfte erfolgen.
- Rohrleitungen: Das Einbinden von Rohrleitungen in vorhandene und in Betrieb befindliche Anlagen bedarf vor Entfernen von Blindscheiben der Freigabe durch den Diensthabenden.
- Behälter: Das Befahren von Behältern oder Gruben, in den sich giftige, betäubende, nicht atembare oder explosive Gase oder Dämpfe sammeln konnten, ist erst nach Prüfung und Freigabe durch einen Befahrerlaubnisschein erlaubt.
- Bolzenschussgeräte: Diese Geräte dürfen nur von Personen genutzt werden, die im Besitz einer Berechtigung sind, Arbeitsschutzhelm und Schutzbrille tragen. Dabei sind alle umliegenden Räume durch Schilder, Verschluss oder Wachposten gegen den Aufenthalt von Personen zu sichern. Über den Munitionsverbrauch ist ein Nachweis zu führen.

6.8.5.5 Brandschutzordnung

Für die Baustelle ist eine Brandschutzordnung zu erarbeiten und allen auf der Baustelle tätigen Unternehmen verbindlich anzuweisen. Schwerpunkte sind:

- Jedes Unternehmen ist für den vorbeugenden Brandschutz in seinem Bau- und Montagebereich und der Baustelleneinrichtung selbst verantwortlich.

- Für die Koordinierung und den Brandschutz hat jedes Unternehmen einen Brandschutz-beauftragten zu benennen.
- Das Aufbewahren brennbarer Flüssigkeiten und öliger Verbrauchsmaterialien in Unterkünften und Aufenthaltsräumen ist nicht gestattet.
- Das Abstellen von Fahrzeugen und Behältern mit brennbaren Flüssigkeiten ist nur auf den dafür vorgesehenen Flächen erlaubt.
- In allen Arbeitsstätten, Magazinen, Büroflächen, Unterkünften und Werkstätten sind die jeweils erforderlichen Feuerlöscheinrichtungen funktionsfähig zu halten.

6.8.5.6 Schlüsselordnung

Je nach Größe, Struktur und Bautenstand gilt es die weitestmögliche Sicherheit der Flächen, Gebäude und Räume zu gewährleisten. Dabei kommt der Verteilung der Schlüssel für die Ein- und Ausgänge eine besondere Rolle zu. Es gilt vor allem folgendes zu nutzen:

- Für die Baustelle und die Baustelleneinrichtung ist eine Übersicht der Verteilung der Schlüssel anzufertigen und zu aktualisiere. Dabei ist die Aus- und Rückgabe schriftlich mit Name, Unterschrift, Datum und Uhrzeit zu dokumentieren.
- Nach Möglichkeit ist ein strukturiertes Schlüsselsystem zu wählen, bei dem nach General- , Gruppen- und Einzelschlüsseln je nach Berechtigung unterschieden wird.
- Für unternehmensinterne Räume sind die Unternehmen selbst verantwortlich, haben jedoch je ein Exemplar der Schlüssel der zuständigen Sicherheitsstelle zu geben, um bei eindeutigem Bedarf ihre Aufgaben dort wahrzunehmen zu können.
- Nach Möglichkeit kann der Betriebsausweis für besondere Räume als Schlüssel nutz-bar gemacht werden.

Für Arbeitseinsätze außerhalb der regulären Arbeitszeit ist spätestens ein Tag vor der Aufnahme der Arbeiten anzugeben: Ort, Einsatzzeit, Unternehmen, Anzahl der Arbeits-kräfte, Einsatzverantwortlicher und Begründung.

6.8.5.7 Alarm- und Evakuierungsplan

Für den Fall von Havarien, Brand, schweren Unfällen, Überfällen oder anderen gefährli-chen Situationen, die eine Räumung des betroffenen Baustellengeländes erfordern, ist ein Alarm- und Evakuierungsplan zwischen dem Diensthabenden und den Baustellenverant-wortlichen der beteiligten Unternehmen abzustimmen. Dazu gehören u. a.:

- Vereinbarung von unterschiedlichen Signalen für die Gefährdungen
- Bekanntgabe von Notrufnummern für den Alarmfall
- Benennung einer Einsatzleitung für den Alarm- und Evakuierungsfall mit Namen
- Alarmauslösung durch Anrufe an Diensthabenden und örtlich zuständige Organe
- Definition der für die Signale folgenden zu realisierenden Maßnahmen
- Beschreibung der zu wählende Fluchtwege und Sicherheitsräume
- Darstellung der Lage von Brandschutzmitteln und -Anlagen
- Festlegung mitzunehmender Sachen, Dokumente, Geräte

- Festlegung der sicheren Sammelpunkte für die unterschiedlichen Teams
- Art der Verständigung während und nach der Evakuierung
- Feststellung der Vollständigkeit des Teams an die Einsatzleitung
- Einsatz eines Havarie- und Evakuierungsstabes, der alle Maßnahmen koordiniert.
- Die Beschäftigten sind mit der Baustellenordnung über diese Ordnung zu belehren.
- Zur Funktionsprobe erfolgt wöchentlich 12 Uhr ein Sirenenton von 5 Sekunden.

Wegen der unterschiedlichen Baustellenbedingungen, dem jeweils abweichenden Bautenstand und der landesspezifisch möglichen Situationen ist der Alarm- und Evakuierungsplan den aktuellen Bedingungen anzupassen.

6.8.5.8 Handlungen in gefährlichen Situationen

Wird in einem Krisengebiet gearbeitet, ist auch unabhängig von den Gefährdungen auf der Baustelle auf mögliche undefinierbare Gefährdungen im Umfeld Vorsorge zu treffen. Das ist bei folgenden Situationen zu beachten:

- Erfolgt der Angriff oder eine Aufforderung zum Halt durch eine Gruppe mit Schusswaffen, sollte man nicht versuchen, als Held zu erscheinen. Wichtig ist aber, den Chef der Gruppe sprechen zu wollen, sich Details der Gegner zu merken und Ruhe zu bewahren. Sicherheitskräften ist Folge zu leisten.
- Bei Aufruhr, Generalstreik, Konflikten zwischen Volksgruppen, Menschenansammlungen, besonderen politischen Ereignissen sollten die betroffenen Gebiete gemieden werden. Ist das nicht möglich, sollte das Team auf der Baustelle verbleiben, bis sich die Situation geklärt oder entschärft hat. Parteinahme oder unüberlegte Handlungen sind zu unterlassen.
- Sind bei Liniebaustellen lange Fahrten zwischen den Baustellen oder zur Baustelleneinrichtung notwendig, ist die Ab- und Anmeldung bei dem Baustellenverantwortlichen oder dem Vertreter erforderlich.
- Bei Fahrten außerhalb der Baubereiche sollten möglichst mindestens 2 Personen gemeinsam die Fahrt vornehmen um den Sicherheitsgrad zu erhöhen und einen Zeugen und Beobachter zu haben.
- Bei Unfall oder Fahrzeugdefekt ist zu versuchen, die nächste Polizeistelle, den Baustellenverantwortlicher oder den Diensthabenden zu informieren.
- Ist die Ansteckung einiger Teammitglieder mit einer landestypischen Krankheit erfolgt, sind sofort Quarantäne-Maßnahmen einzuleiten, nach Konsultation mit einem Arzt mit der möglichen Behandlung zu beginnen und nach Bedarf die Ausreise vorzubereiten.

6.8.6   Baustelleneinrichtung

6.8.6.1   Einrichtungsplan

In Abstimmung mit allen am Bau beteiligten Unternehmen wird ein Einrichtungsplan erarbeitet und hat besonders folgendes zu enthalten:

- Fläche für den Nutzer, die Nutzungsart und die Nutzungsdauer
- Angabe des Höhen-Festpunktnetzes
- Straßenverlauf für die Ent- und Beladung von Materialien und Bauteilen unter Beachtung der örtlichen Kontrollstellen und ausreichender Kurvenradien für Schwertransporte, Lastbegrenzungen
- Ersatzflächen, wenn die Baustellenbedingungen eine Außen- bzw. Zwischenlagerung von Einrichtungen außerhalb der Baustelle erfordern
- Kennzeichnung des für die Fläche zuständigen Unternehmens, das für Ordnung und Sicherheit des Bereiches zuständig ist
- Kennzeichnung der sicheren Lagerung feuergefährlicher oder explosionsgefährdeter Stoffe und technischer Gase
- Kennzeichnung elektrischer Betriebsräume, Schalt- und Verteilungs-Anlagen gemäß dem notwendigen Baustromprojekt
- Kennzeichnung des Bauwassernetzes und der Bauwärmeversorgung
- Kennzeichnung und Sicherung ausreichender Abstände zu Schweißarbeitsplätzen

Der Baustellenverantwortliche hat regelmäßig die Einhaltung der Vorschriften bei der Baustelleneinrichtung zu kontrollieren und mit dem Team und bei Bedarf mit dem Diensthabenden auszuwerten.

In Auswertung besonderer klimatischer Bedingungen sind vorher geeignete Maßnahmen zur Sicherheit der Beschäftigten, des Materials und der Anlagen einzuleiten.

Bei der Nutzung des Einrichtungsplanes für die Lagerung am Einbauort ist darauf zu achten, dass

- Nur die vereinbarten Flächen genutzt werden
- Bau- und Montagefreiheit anderer Kooperationspartner nicht behindert wird
- Für Zufahrtstraßen und Gleise die Profilfreiheit eingehalten wird
- Vermessungspunkte gesichert und frei gehalten werden
- Hydranten, Schieber, Abwassereinläufe gesichert und nutzbar sind
- Sicherheits-, Alarm-, Elektro- und Kommunikationseinrichtungen zugängig bleiben
- Die gelagerten Materialien und Bauteile mit einer Kennzeichnung des besitzenden Unternehmens markiert sind
- Abfälle, Schrott und nicht mehr benötigte Restbestände täglich zu entsorgen sind
- Jedes Unternehmen für die Beleuchtung des Arbeitsplatzes und der Lagerfläche selbst verantwortlich ist, wenn keine zentrale Beleuchtung ausreichendes Licht bietet

6.8.6.2 Medizinische Versorgung

In der Baustelleneinrichtung sind eine Baustellenapotheke und geeignete Hilfsmittel für Unfälle bereitzuhalten. Dazu gehören besonders:

- Sanitätskästen, die schnell bereitstellbar sind
- Krankentragen, Beatmungsgeräte
- Tafeln der ersten Hilfe, auch in der Landessprache

Außerdem sind die Adressen folgender medizinischer Punkte im Bereich des Teams öffentlich auszuhängen:

- Name des nächsten Krankenhauses oder der nächsten Unfallklinik
- Nächster praktischer Arzt und nächste medizinische Einrichtung
- Nächste Apotheke

Im Team ist eine als Gesundheitshelfer ausgebildete Kraft einzusetzen bzw. kurzfristig auszubilden. Beschäftige mit einer chronischen Krankheit, die die Einnahme besonderer Medikamente erfordert, haben sich vor der Einreise in das Land damit für den geplanten Zeitraum zu versorgen.

6.8.7   Sonstiges

6.8.7.1   Bemerkungen
Dieses Muster einer Baustellenordnung setzt voraus, dass die Abschnitte des Buches und die Anlagen bei Bedarf zur Präzisierung und Erläuterung zur Verfügung stehen.

Dieses Muster wurde auf sehr großen Baustellen erprobt und ist natürlich dem Umfang des jeweiligen Vorhabens anzupassen.

6.8.7.2 Hinweise zur Nutzung
Als Bauherr wird er sicher ein eigenes System haben, das ihm ein ihm verbundenes Unternehmen erarbeitet hat und er nicht ändern will. Als Kunde sollte man die Fassung nicht infrage stellen. Es kann aber helfen, die Bauherrenfassung entsprechend auszuwerten und in geeigneter Weise umzusetzen, wenn es um Kontrollen und Übersichten geht.

Das Muster sollte auf alle Fälle gegenüber Nachunternehmern deren Pflichten präzisieren und zielgerichtet angewendet werden.

6.8.8   Muster Bautagebuch

- **Vorhaben/**_project_, Unternehmen/_company_, Seite//_site_, Datum/_date_
- **Wetter/**_weather_, 1.,2.,3. Messung/ _measure_, Zeit/_time_, Temperatur°C/ _temperature_, Wind m/s _/wind_, Sonne/ _fair_, Regen/ _rain_, Schnee/ _snowfall_, Sand//_sand_, Sturm _/stormy_
- **Arbeitskräfte/**_labour forces_, Erdbauer/_rock worker_, Bauarbeiter/_concret workers_, Maurer/_bricklayer_, Stahlbauer/_steel fixers_, Zimmerer/_carpenter_, Klempner/_plumbers_ Elektriker/_elektricians_, Maler/_painter_, Lagerarbeiter/_storeman_, Sonstige/_others_, Schicht 1,2,3/_shift_, geplant/_planned_, vorhanden/_actual_
- **Arbeiten/**works, begonnen/commenced, fertiggestellt/completed, Abweichungen/deviations, Änderungen/alterations, Unterbrechung/interruption
- **Maschinen-**Einsatz/machine use, Art/kind, Dauer/duration, Probleme/problems
- **Material-**Lieferung/delivery of, Art,Menge/kind of, set, Qualität/quality

- **Dokumente** erhalten/received documents, von/of, Probleme/problems
- **Ereignisse,** besonder/spezial occurrences, Übergaben, Abnahmen/handing over, Unfäl-le/*accident*, Krankheiten/*illness,* Diebstahl/*thief,* Verbrechen/*crime*
- **Besucher**, Inspektionen/visitor, inspections, Klagen/complaints,Ergebnisse/results, Bauherr/owner, Bauamt/housing committee, Schutzinspektion/safety inspection, Gesundheitsamt/public health committee, Arbeitsamt/labour inspectorate
- **Inhalte/content,** Baugerüste/scaffolding, Aushub/excavation work, Sprengarbeiten/ blasting work, Rohre/pipes, Werkzeuge/tools, Einfriedung/fencing, Dach/roof
- **Unterschrift**/signiture, Bauleiter/*site manager*, Verteilung/*distribution*

Folgendes sollte nachvollziehbar erfasst werden:

- **Wetter**
  - Mehrmals arbeitstäglich, min/max. -Temperaturen zu Arbeitsbeginn, Mittag und Arbeits-Ende bzw. nach Schichtregime
  - Windstärke, Wasserstände, Grundwasserstands – Veränderungen, soweit nutzbar
  - Schnee, Hagel, Sand, Rauch, starke Niederschläge, Dokumentation der Vorankün digung des Wetterdienstes und der resultierenden Wirkungen, insbesondere auf Beton, Erdverdichtung, Materiallagerung

Für die festzustellende Windstärke kann verwendet werden:

0 still, Rauch steigt senkrecht in die Luft

1 Rauch wird wenig bewegt

2 Wind ist im Gesicht fühlbar

3 dünne Zweige werden bewegt

4 Staub und liegendes Papier wird bewegt

5 Sträucher und kleine Bäume schwanken leicht

6 starke Äste werden bewegt, Wind erzeugt leichtes Heulen

7 Hemmung beim Gehen, große Bäume werden bewegt

8 erhebliche Hemmung beim Gehen, stürmischer Wind

9 Sturm, kleinere Schäden, Ziegel fallen vom Dach

10 schwerer Sturm, Bäume werden entwurzelt

11 Orkan, Verwüstungen, Schäden

12 schwerer Orkan, Wirbelsturm, große Schäden, schwere Sachen werden geschleudert

    Nachweis: Unwetterwarnungen, Fotodokumentation

- **Übergabe Baufreiheiten**
  - Übernahme Baugelände, Baustelleneinrichtung, Absteckungen,
  - Kontrollergebnisse zu Achsen, Medienanschlüsse, sonstige Leistungs-Voraussetzungen
  - definierte Nahtstellen für Leistungsanteile lt. Übergabeprotokoll
  - Restarbeiten Dritter/Termine/Verantwortlichkeiten

Nachweis: unterschriebene Protokolle, ggf. Anzeigen

- **Dokumentation, Empfang, Versendung**
  - Übernahme/Übergabe von Projektunterlagen, Nachweisen
  - Aufforderung zur Übergabe von notwendigen Arbeitsunterlagen
  - Erhalt/Abgabe von Berichten, Eingang von Änderungen, Einsprüchen, Korrekturen
  - Eingang und Weitergabe von Weisungen, Auflagen, Protokollen
  - Nachweis der Notwendigkeit von Abweichungen/Genehmigungen,
  - Änderungen von Baubehelfen/Begründung
  - erhaltene Mitteilungen über Vertragsänderungen
  - Darstellung der Soll/Ist-Termine lt. Ablaufplan/Meilensteinmethode, Auswirkungen

  Nachweis: Eingangsnachweis, Schreiben mit Lieferforderung Inhalt und Termin
- **Arbeiten**
  - Uhrzeit für Beginn und Ende der Schichten, Schichtwechsel, Pausen
  - Arbeitskräftezahl je Gewerk/Firma, Lohnarbeiten, Soll/Ist-Anzahl, AK- Struktur:
  - Leiter, Poliere, Richtmeister, Maschinisten, Facharbeiter, Hilfskräfte
  - Beginn und Beendigung wesentlicher Arbeiten gemäß Text der
  - Leistungsbeschreibung, zusätzliche und entfallene Arbeiten, Beispiele:
  - Reinigung, Handschachtung, Reparaturen…
  - Behinderungen, angekündigte Mehrkosten, Verursacher, Dauer
  - Unterbrechung und Verzögerung mit Ursachen, Mängelfeststellungen
  - Eingang und Prüfergebnis von Baustoffen, Bauteilen, Anlagen
  - Leiter-wechsel/Übergabe, Vertretungen, Nachfolger Bauüberwachung,
  - Materialanlieferungen vom AN/vom AG, Ergebnisse von Kontrollen

  Nachweis: Anzeigen
- **Großgeräteeinsatz**
  - Ablaufbestimmender Einsatz der Großgeräte nach Typ, Leistungsvermögen, Passfähigkeit,
  - Nutzbarkeit, Auswirkungen bei Mängeln, insbesondere bei Kraneinsatz und
  - Erdbaugeräten, Vergleich ggf. nach Baugeräteliste
  - Zugang, Einsatzzeiten, Ausfallursachen, -dauer, Abgang an…
  - Stillstands-, Liegezeiten von…bis…, verursacht von …
  - Auswirkungen auf Ablaufzeiten, Kosten, notwendige Baubehelfe bei Ausfall

  Nachweis: schriftliche Mahnung, Protokolle, Fotodokumentation
- **Besucher**
  - Besuche von Aufsichtsbehörden, örtlichen Behörden mit Grund und Ergebnis
  - Polizei, Anlass und Inhalt der Kontrollen und Besuche
  - Bauherr, Bauamt, Nachbarn, Besichtigungen, Aufnahmen, Konflikte
  - Feststellungen der Arbeits-, Gesundheits- und Brandschutz-Kontrollen
  - Abstimmungsergebnisse zu Baustrom, Bauwasser, Aushub in Nachbarnähe, Wegesicherung, Flächennutzung, Konflikte
  - Besuche von Parteien, Verbänden, Nachbarn, anderen

  Nachweis: Notiz mit Thema/Fragestellung/Ergebnis/Teilnehmer mit Firma, Name, Funktion, Forderungen mit Inhalt und Termin

- **Ereignisse**
  - Unfälle, Grad der Verletzung, 1.Hilfe, Uhrzeit, Ursache, Beteiligte, Randbedingungen
  - Gefährliche und außergewöhnliche Ereignisse wie Erdrutsche, Wassereinbruch, Achsbruch,
  - Naturgewalten, öffentliches Aufsehen, drohende Gefahren u. a., eingeleitete Maßnahmen.
  - andere Ereignisse wie Diebstahl, Zerstörung, Bedrohung, Inhalt, Beteiligte,
  - Baugrundverhältnisse, gefährlich abweichende Prüfergebnisse von Bodenstruktur, Beton, Wasser, Standfestigkeit, Materialgüte,
  - Festgestellte Konflikte, Beteiligte, beratene Lösungsansätze
  - Auswirkungen auf betroffene Personen, Ablauf, Kosten, Qualität, Image, Folgewirkungen
  Nachweis: Unfallmeldung, Anzeigen, Fotodokumentation, Protokoll, Sofortnotiz
- **Abnahmen**
  - Anmeldung, Einleitung, Fertigstellungsmeldungen
  - Ergebnis Vorkontrollen, Vorliegen Fertigmeldungen, Testberichte, Probelaufergebnisse
  - Teil- und Endabnahmen, Feststellungen, Ergebnisse, bauaufsichtliche Feststellungen
  - Mängelinhalt, Ursachen, Folgemaßnahmen, anwesende und fehlende Teilnehmer
  - Offene Fragen, neuer Abnahmetermin, Verzögerung Gewährleistung
  - Abweichungen von der Abnahmeordnung
  Nachweis: Abnahmeprotokoll, Notizen, Fotodokumentation
  Siehe hierzu: Anlage 10 Muster „Abnahmeordnung"
- **Prüfungen**
  - Nachweis und Ergebnisse vorher erfolgter Tests, Baustoff-, Boden-, Wasser-, Material-
  - Tragwerks-Prüfungen, Probebetriebe
  - Methoden, beteiligte Labors, Kontrollorgan-Festlegungen, notwendige Randbedingungen
  - Veranlassung nach Vertrag, Auflagen der Behörden, Bauherr
  - Durchführende, Beteiligte
  - Auswirkungen auf Ablauf, Kosten, Folgearbeiten
  - Vertragsbasis: Punkt ..., vereinbart mit Protokoll..., Weisung von... am...,
  - Hinweis auf Veranlassung, Nachkalkulationswerte, Maßnahmen
  - Inhalt: Beispiele: Pumpleistungen, Beseitigen von Hindernissen, Reparaturen, Reinigen, Handschachtung, unerwartete Erdarbeiten
  - Wert: Aufwand/Stundennachweis/Masch. Std./mittelbare Kosten
  - Dokumentation: Zeichnung, Skizze, Berechnungsnachweis lt. Vertrag
  - Termine, Projektbasis, Rechnungsmuster
  Nachweis: Nachtragsvereinbarung, Protokoll, bestätigte Rechnung, Fotodokumentation

6.9   Anlage 9

6.9.1   Muster Rapportordnung

Vorhaben:............................ Verantwortlicher:........................
Die Rapportordnung ist für alle Verantwortlichen der an der Vorbereitung und Durchführung des Vorhabens beteiligten Firmen verbindlich.

Der für die Vorhabenvorbereitung verantwortliche Projektleiter hat die beteiligten
Vertreter der Planungsbüros mindestens monatlich zu einer Koordinierungsberatung einzuladen, um

- die vorhandenen Nahtstellen zu präzisieren,
- den Ablauf der Planungsphasen und -gebiete zu koordinieren und zu sichern
- mögliche Lücken und Störungen zu beseitigen
- die von den Planungsbüros gestellten Fragen einer Klärung zuzuführen
- die Qualität und Vollständigkeit der Dokumentation zu gewährleisten
- Ort:.............Zeit: 1. Montag des Monats o. a...........Dauer 2 Stunden

Der für die Realisierung des Vorhabens Verantwortliche (Projekt-, Oberbau-, Bauleiter)
hat mit Beginn der Bau- und Ausrüstungsleistungen die dafür verantwortlichen Bauleiter
zu den wöchentlichen Rapporten einzuladen. Dabei gilt:

- Die Bauleiter haben über den Ablauf, den geplanten und realisierten Arbeitskräfteeinsatz
  zu berichten.
- Die Errichtung der Baustelleneinrichtung ist nach dem Einrichtungsplan zeitlich und flä-
  chenmäßig durch den o. g. Verantwortlichen und zwischen den Firmen zu koordinieren.
- Störungen des Ablaufes sind präzise darzustellen, über die zur Abwendung eines
  Verzugs eingeleiteten Maßnahmen, deren Wirkungen und die zu erwarteten Folgen ist
  zu berichten.
- Die Firmen sind bei der Einholung von behördlichen Genehmigungen zu unterstützen.
- Die Firmen werden belehrt über die Forderungen des Arbeits-, Gesundheits- und
  Brandschutzes sowie über die Festlegungen zur Baustellensicherheit.
- Zur Gewährleistung der Baustellensicherheit sind die notwendigen Abstimmungen zur
  Baustellenausweisordnung, der Schlüsselordnung, der Beteiligung an der Bewachung
  und der Einhaltung allgemeinen Ordnung und Sicherheit vorzunehmen und zu berich-
  ten.
- Kontrollen der Baustellensicherheit, des Arbeits-, Gesundheits- und Brandschutzes
  durch die betreffenden Organe werden ausgewertet, Festlegungen getroffen, über deren
  Erfüllung die Bauleiter regelmäßig zu berichten haben.
- Die Bauleiter haben über erfolgte Anzeigen, Unfälle, Diebstahl, Erkrankungen, besondere Vorfälle und Schäden zu berichten.
- Bei auftretenden fehlenden Baufreiheiten sind sofort Maßnahmen einzuleiten und entsprechende Festlegungen zu treffen.

- Der o. g. Verantwortliche hat besondere Vorkommnisse, zu erwartende Behinderungen, entstehende Gefahrensituationen und andere Bedrohungen zu informieren und geeignete Maßnahmen abzustimmen.
- Das Ergebnis des jeweiligen Rapportes wird protokolliert und damit verbindlich, wenn nicht vor dem nächsten Rapport ein schriftlich ausreichend begründeter Einwand zu einem Textteil erfolgt, der dann neu zu beraten ist.

Werden Festlegungen in den vereinbarten Ordnungen nicht eingehalten, die termingerechte Teilnahme der Vertreter nicht gesichert, gilt das als Vertragsverletzung und kann wegen der damit verursachten Störung zu Sanktionen führen.

6.10 Anlage 10

6.10.1 Muster Abnahmeordnung

Diese Abnahmeordnung gilt für alle Abnahmen für die Leistungen
des Unternehmens:............................am Vorhaben:................................

1. **Grundsätze**
   1.1. Die Abnahmeordnung regelt
      * die Durchführung von Funktionsproben
      * den Probebetrieb von Anlagen
      * die Abnahme nach Vertrag abrechenbarer Bauabschnitte und Leistungsbereiche
      * die Abnahme nutzungs- und funktionsfähige Leistungsabschnitte
      * Die vereinbarten Leistungsbewertungen zur Auslösung von Abschlagszahlungen
   1.2. Die Einladung zur Abnahme hat mindesten 2 Wochen vor der Durchführung zu
      erfolgen und zu enthalten:
      * für abrechenbare Leistungen nach Vertrag die Bestätigung der projekt-, und
        qualitätsgerechten Leistung
      * für nutzungs- und funktionsfähige Leistungsabschnitte die Information über
        die erfolgreichen Funktionsproben und je nach Erfordernis auch des erfolg-
        reichen Probebetriebes
      * für vereinbarte Leistungsbewertungen der mengenbezogene Nachweis als
        Anteil an der Gesamtleistung des betroffenen Leistungsbereiches
2. Sind vorher **Funktionsproben oder Probebetrieb** erforderlich, gilt:
   2.1. Die für Funktionsproben notwendigen Medien sind mindestens 1 Monat vor der
      Durchführung dem Auftraggeber bekannt zu geben und vom Verantwortlichen
      mindestens 2 Wochen vor Beginn bereitzustellen bzw. zu gewährleisten. Dazu
      gehören folgende Angaben:
      * Energiebedarf: Art, Parameter, Menge, Bereitstellungstermin, Dauer der Nut-
        zung
      * Medien: Art, Parameter, Menge, Bereitstellungstermin, Zeitdauer der Inan-
        spruchnahme, Entsorgung, Nutzungsgenehmigungen der Lieferer
      * Grund- und Hilfsmaterial: Art, Parameter, Menge, Bereitstellungstermin,
        Dauer der Inanspruchnahme,
      * erforderliche Bedingungen, Belastungen, Zwischenprodukte: Art, Parameter,
        Menge, Zeitpunkt des Bedarfs, Zeitpunkt des geplanten Anfalls von Zwischen-
        und Abprodukten
      * Sicherheitsmaßnahmen: Rettungsdienst, medizinische Bereitschaft, Siche-
        rungs- und Löschbereitschaft
      * bereitzustellende Arbeitskräfte für Einweisung, Betreibung, Wartung, Instand-
        haltung nach Menge, Qualifikation, Einsatzdauer, Einsatzbedingungen,
        Schichtregime
      * Benennung des Weisungsberechtigten seitens des Auftraggebers

2.2. Dem Auftraggeber sind 4 Wochen vor Beginn der Funktionsproben die dazu geltenden Bedienungs-, Wartungs- und Instandhaltungsvorschriften zu übergeben.

2.3. Der Beginn der Funktionsproben bzw. des Probebetriebes setzt den Abschluss
der dafür erforderlichen Leistungen voraus:
- Bauleistungen im Bereich der Funktionsproben
- Montageleistungen einschließlich erforderlicher Messungen und Tests
- Beräumung und Reinigung des Bereiches
- Verschließbarkeit bzw. Gewährleistung der Sicherheit des Bereiches

Für **nutzungs- und funktionsfähige Leistungsabschnitte** sind mindestens 2 Wochen vor
der Abnahme vorzulegen:
- die Protokolle der Messungen,
- das Ergebnis der Funktionsproben, des Probebetriebes
- die handrevidierten Projektzeichnungen und Dokumentationen lt. Anlage 1
- die Einladung zur Abnahme mit Zeitpunkt, Treffpunkt, Verantwortlichem für die Übergabe
- die Bestätigung der vollständigen Leistung bzw. bereits Hinweise auf erfolgte
Aufmaße für Zusatzleistungen, Restleistungen u. ä.

3. Für die Abnahme **abrechenbarer Bauabschnitte**, für die kein Funktionsnachweis
und kein Probebetrieb erfolgen kann, sind folgende Dokumente 2 Wochen vorher
vorzulegen:
- Nachweis der qualitätsgerechten Lieferungen durch Zertifikate
- Messprotokolle zum Nachweis der Maßhaltigkeit und der Materialeigenschaften
- Erklärung zur qualitäts- und projektgerechten Ausführung
- Handrevidierte Projektzeichnungen

4. Für eine vereinbarte **Leistungsbewertung** als zahlungsauslösende Aktion für die Ab-
schlagszahlung ist vorzulegen
- Der schriftliche Nachweis für die nachvollziehbare Berechnung des realisierten Leis-
tungsanteils
- Ein gemeinsames Aufmaß für den Leistungsanteil
- Das Ergebnis einer gemeinsamen Begehung mit Protokoll und definiertem Leistungsvolumen

5. In dem **Abnahmeprotokoll** sind mindestens darzustellen und zu bestätigen:
- Vollständigkeit und Qualität der gebrauchswertigen Leistung nach Vertrag
- Vollständigkeit der Dokumentation, ggf. Nachlieferung der Endfassung mit Termin
- Ausweis anerkannter Restleistungen mit Bewertung
- Ausweis unwesentlicher Mängel mit Verantwortung und Termin
- Erledigung aller Einsprüche, Anzeigen und Forderungen zum Leistungsvolumen
- Anerkennung der Baufreiheit für ggf. notwendige Folgeleistungen Dritter
- Anerkennung des Anspruches auf die vertragsgerechte Rechnungslegung

6. Das Abnahmeprotokoll ist durch **unterschriftsberechtigte Vertreter** lt. Vertrag zu
unterzeichnen. Dazu gehören
- Name und Vorname in Druckschrift
- Funktion, Titel

- Name des Unternehmens und zuständiger Bereich
- Datum

Sind Vertreter von Behörden, Prüf- oder Kontrollorganen anwesend, gehören diese zur Teilnehmerliste. Sie können das Protokoll schriftlich zur Kenntnis nehmen.

Erklärt eine Seite sich nicht unterschriftsbereit, ist das im Protokoll einseitig festzustellen und zu verteilen, um die Rechnungslegung zu veranlassen.

7. Soweit nicht bereits im Vertrag vereinbart, sind mit der Abnahme die **Gewährleistungszeiten** zu vereinbaren.
8. Auf dem Abnahmeprotokoll ist der Verteiler der unterschriebenen Protokolle zu vereinbaren.
10. Besteht ein Anspruch auf **Geheimhaltung** von Angaben, ist das Verbot von Kopien zu vereinbaren mit dem Hinweis auf ggf. mögliche Schadenersatzforderungen

6.10.2 Muster Abnahmeprotokoll

- **Vorhaben**/Objekt/Teilobjekt/Gewerk/Teilleistung, Gesamtleistung/Ort
- **Bauherr**/Auftraggeber/Unternehmen/Subunternehmen
- **Basis**/Vertrag vom…,Abschnitt…/Fertigmeldung, Einladung zur Abnahme vom…
- **Termin** Soll…/Ist…..
- **Protokoll Nr.**/Datum
- **Anwesende**/Auftraggeber/Auftragnehmer/Behördenvertreter/Sonstige
- **Dokumente**, die Bestandteil der Abnahme sind: revidierte Projektzeichnungen, Protokolle der Funktionsproben, des Probebetriebes, der Tests, Anzeigen, Gutachten, Fotos
- **Abnahme** erfolgt /ohne sichtbare Mängel und ohne Vorbehalte/ mit folgenden definierten Vorbehalten…/mit der Feststellung folgender Restleistungen…bzw. Mängeln…/ wird aus folgenden Gründen verweigert………
- **Restleistungen** sind …….zu realisieren bis….verantwortlich…./werden die Restleistungen nicht bis …realisiert, behält sich der Auftraggeber die Realisierung auf Kosten des Auftragnehmers vor.
- **Mängel** lt. Liste sind zu beseitigen bis….verantwortlich…./werden die Mängel nicht bis …. Beseitigt, wird die Beseitigung durch Dritte auf Kosten des Auftragnehmers veranlasst
- **Antrag** auf Abnahme der Mängelbeseitigung/Nachbesserung/Restleistungen ist mindestens 14 Tage vor dem Termin zu stellen/wird zum….gestellt
- **Leistungsminderung,** Kostenreduzierung erfolgt wegen folgenden nicht zu beseitigenden Restleistungen und Mängeln:…
- **Folgekosten** für folgende Leistungen fallen noch an:…../Diese werden anerkannt/nicht anerkannt/bleiben strittig
- **Vertragsstrafe** geltend zu machen behält sich der Auftraggeber/Auftragnehmer vor.
- **Gewährleistungszeitraum** lt. Vertrag beginnt mit der Abnahme/nach Beseitigung der Mängel und Restleistungen

- **Baustelle** wird /wurde bis….vollständig beräumt
- **Bemerkungen:**………….

Das Protokoll wird **anerkannt**. Ort…………..Datum
Auftraggeber: Unternehmen, Name, Funktion, Unterschrift
Auftragnehmer: Unternehmen, Name, Funktion, Unterschrift
Beauftragter des Bauherrn: Name, Funktion, Unterschrift
Vertreter der Behörde, des Kontrollorgans o. ä.
Bestandteil des Protokolls sind folgende Dokumente:………
Verteiler des Protokolls/der Kopien an………

6.11　Anlage 11

6.11.1 Muster Brandschutzordnung

Vorhaben:............................ Verantwortlicher:...........................
Zur Sicherung eines vorbeugenden Brandschutzes und der Maßnahmen zur Bekämpfung
möglicher Brände auf o. g. Baustelle wird folgende Brandschutzordnung erlassen.

1. **Prüfung der Planungsunterlagen**
   Vor der Baustelleneröffnung sind die Planungsunterlagen im Unternehmen auf ausrei-
   chenden Brandschutz zu prüfen:
   - Sind geeignete Brandabschnitte geplant und den notwendigen dicht schließenden und
     rauchdichten Türen, Fenstern, Kabel- und Leitungsdurchführungen, Rauchklappen
     und Brandschutzvorhängen versehen?
   - Sind Kabel- und Leitungsabschottungen und die Verwendung von Brandschutzkabeln
     vorgesehen?
   - Sind die zu erwartenden Brandlasten nachvollziehbar berechnet?
   - Besitzen die Wände den ausreichenden Brandschutz durch Wahl des geeigneten
     Materials?
   - Sind tragende Stahlkonstruktionen ausreichend korrosionsgeschützt und mit einem
     Brandschutzmittel zu beschichten?
   - Ist eine ausreichende Löschwasserversorgung geplant?
   - Sind geeignete Brandmelder vorgesehen; Optische Rauchmelder, Ionisations-, Wärme-
     Melder, Funken-, Feuermelder, Gas- und CO-Melder oder andere Sondermelder?
   - Sind Rauch- und Wärmeabzugsanlagen (RWA) und die notwendigen Öffnungsflächen
     berechnet und die automatische Steuerung vorgesehen?
   - Ist die Auslösung pneumatisch, thermisch oder elektrisch und von Hand geplant?
   - Welche Brandlöschanlagen sind für die zu erwartenden Brandlasten und -Arten
     geplant?

2. **Vorbereitung der Baustelleneinrichtung**
   Bereits bei der Vorbereitung der Baustelleneinrichtung ist der Brandschutz zu gewähr-
   leisten:
   - Je nach Brandlast und Brandklasse sind geeignete Feuerlöscher auszuwählen und an
     zugänglichen Stellen zu positionieren.
   - Für Schweißarbeitsplätze sind Brandschutzvorhänge gegen Schweiß- und Brennfun-
     ken vorzusehen.
   - In Unterkünften sind bereichsweise Handfeuerlöscher auf den Gängen anzubringen
   - Lagerräume mit Kraftstoffen, leicht brennbarem Dämmungs-, Isolierungs-, Lö-
     sungs-, Farb-, Holz-, und anderem leicht entzündlichem und leicht brennbarem
     Material sind geeignete automatische Warnmelder und Feuerlöscher zu installieren.
   - Bei der Lagerung hochwertiger Materialien ist eine dafür geeignete automatische
     Löscheinrichtung vorzusehen.

- Die Lagerung brennbarer Flüssigkeiten hat in dafür hergerichteten Räumen und geeigneten Behältern zu erfolgen.
- Bei explosions- und besonders brandgefährdeten Räumen sind Sondermaßnahmen und jeder Verzicht auf geplante Feuerarbeiten zu gewährleisten.
- Durch geeignete Wahl der Zufahrten und der Baustellenstraßen ist die ungehinderte Feuerwehrzufahrt zu gewährleisten
- Flucht- und Rettungswege sind zu kennzeichnen, stets freizuhalten und durch unabhängige Stromquellen zu beleuchten

3. **Baubetrieb**

Die Grundsätze des Brandschutzes im Baubetrieb sind:

- Für den vorbeugenden und operativen Brandschutz ist jeder am Bauvorhaben Beteiligte im Rahmen seiner Möglichkeiten verantwortlich. Dazu gehören die Beachtung des Rauchverbote und der Verzicht auf Nutzung privater Heizgeräte offener Flammen, offenem Licht und auf Feuerwerkskörper
- Die verantwortlichen Bauleiter haben den Brandschutz zum Inhalt von Belehrungen zu machen.
- Im Vordergrund steht der Schutz des Lebens, der Gesundheit und des persönlichen und gemeinschaftlichen Eigentums.
- Über die eingeleiteten Brandschutzmaßnahmen und -Mittel ist ein schriftlicher Nachweis zu führen und laufend zu aktualisieren.
- Je nach Erfordernis sind Brandschutzbeauftragte und Brandschutzhelfer einzusetzen.

Die Brandgefährdungsstufe (BG) auf der Baustelle ist durch Sachkundige des Unternehmens zu bewerten und zur Bereitstellung geeigneter Brandschutzmittel auszuwerten:

- BG1: Durch Stoffe mit hoher Zündfähigkeit und durch die örtlichen und betrieblichen Verhältnisse sind große Möglichkeiten für eine Brandentstehung und einer großen Brandausbreitung in der Anfangsphase gegeben
- BG2: Stoffe hoher Zündfähigkeit liegen vor, aber die örtlichen und betrieblichen Verhältnisse für die Brandausbreitung ungünstig sind. Die gleiche Einstufung erfolgt bei Stoffen geringer Zündbereitschaft aber die Verhältnisse für die Brandentstehung günstig sind und mit einer großen Brandausbreitung zu rechnen ist.
- BG3: Die Möglichkeiten der Brandentstehung entsprechen BG2. Die Brandausbreitung in der Anfangsphase ist aber gering.
- BG4: Es liegen Stoffe geringer Zündbereitschaft vor. Die örtlichen und betrieblichen Verhältnisse lassen nur eine geringe Möglichkeit der Brandentstehung zu. Es muss aber mit einer großen Brandausbreitung gerechnet werden.
- BG5: Es liegen Stoffe mit geringer oder ohne Zündbereitschaft vor. Die örtlichen und betrieblichen Verhältnisse bieten nur geringe Möglichkeiten für die Brandentstehung und es ist nur mit einer geringen Brandausbreitung zu rechnen.

Im Baustellenteam ist ein Brandschutzverantwortlicher zu benennen, der regelmäßige Kontrollen des Brandschutzes vornimmt. Dazu gehören

- Kontrolle der Funktion der Feuerlöschanlagen, insbesondere der Handfeuerlöscher und die Veranlassung der Wartung, Nachfüllung oder Reparatur
- Kontrolle des notwendigen Schweißerlaubnisscheines und stichprobenmäßige Nachkontrolle bei Beendigung von Schweiß- und Brennarbeiten auf Glutnester
- Kontrolle der Signal- und Alarmeinrichtungen
- Kontrolle der Brandschutzbeschichtung tragender Stahlkonstruktionen
- Kontaktaufnahme mit der örtlichen Feuerwehr mit der Vereinbarung besonderer Alarmsignale und der Information über Gefahrenstellen
- Kontrolle der ständigen ungehinderten Feuerwehrzufahrt und Einleitung von Maßnahmen bei vorhandenen Behinderungen
- Kontrolle der Kennzeichnung und der freien Nutzungsmöglichkeit der Flucht- und Rettungswege sowie der unabhängigen Beleuchtung
- Kontrolle der Sprinkleranlagen bis zur Endabnahme
- Auswertung der Kontrollen im Team, aktenkundigen Nachweis der Mängel und deren Beseitigung, verbunden mit der nachweislichen regelmäßigen Belehrung durch den Bauleiter
- Teilnahme an Schulungen der Feuerwehr im Land bzw. schon in Deutschland

Durch den Bauleiter ist ein Einsatzplan für den Brandfall festzulegen, der folgendes zu enthalten hat:

- Wer hat die Feuerwehr zu informieren. Dabei ist zu melden: Was brennt, wo genau brennt es, wer meldet von welchem Ort.
- Welche Maßnahmen resultieren aus der Bewertung der Brandgefährdungsstufe?
- Welche Teammitglieder haben mit welchen Mitteln den Brand in dem jeweiligen Bereich zu bekämpfen: Feuerlöscher, Wasser, Decken, Erdaushub, Sandschüttung, Räumung u. a.
- Welche Teammitglieder sind als Brandschutzhelfer einzusetzen und haben u. a. die Brandbekämpfung durch Entfernung brennbarer Sachen im noch nicht vom Brand erfassten Bereich zu unterstützen
- Welche Teammitglieder haben die Maßnahmen zu beobachten und bei erkennbaren Lebensgefahren für die Beteiligten sofort laute Warnsignale zu geben und bei der Evakuierung zu helfen.
- Welche Teammitglieder haben die Baufahrzeuge aus der Gefahrenzone zu fahren.
- Wer hat die wichtigsten Dokumente im Fall eines Brandes des Baubüros zu retten.
- Welche Teammitglieder haben die nachfolgende Brandaufsicht wahrzunehmen.
- Wer hat wohin unverzüglich Verletzte zu bringen.
- Monatlich sind alle Teammitglieder über das notwendige Verhalten bei der aktuellen Situation zu belehren.

Jährlich ist eine zu protokollierende Brandschutztechnische Überprüfung mit folgendem Inhalt durchzuführen:

- Brandgefährdungsstufe und Brandausbruch- und -ausbreitungsmöglichkeit
- Brandwahrnehmung, Brandmeldung, Alarmauslösung
- Brandbekämpfung durch Feuerwehr, eigene und fremde Kräfte
- Versorgungsmöglichkeit Verletzter

4. **Auswertung**

- Welche Brandschutzmaßnahmen sind vom Brandschutzverantwortlichen zu ersetzen, zu bestellen bzw. besonders zu warten.
- Über mögliche Ursachen, den Ablauf der Brandbekämpfung und die Auswertung ist der Vorgesetzte im Unternehmen unverzüglich zu informieren.
- Ersatzgeräte und Mittel sind zu bestellen bzw. vom Auftraggeber abzufordern.
- Die Arbeit der Teammitglieder und der beteiligten Dritten bei der Brandbekämpfung ist auszuwerten.
- Der vorhandene Bestand an Schaum-, Wasser-, Pulver- oder Kohlendioxyd-Löscher ist auf Eignung zu überprüfen und bei Bedarf zu ändern.
- Die entstandenen Verletzungen, Unfälle, Verluste, Folgen für den Bauablauf, notwendige Ersatzlieferungen, Mehrkosten u.a. sind zu definieren, zu bewerten und dem Unternehmen zur Weiterleitung an den Leiter des Auftraggebers zu senden.
- Diese Brandschutzordnung ist dem jeweiligen Bautenstand und -Volumen sowie der jeweiligen Gefährdung des Bauwerks und der Baustelleneinrichtung sowie der Teamgröße anzupassen.
- Die Brandschutzordnung ist in die erste Einweisungsbelehrung zum Arbeits- und Gesundheitsschutz einzubeziehen.
- Die Ergebnisse der brandschutztechnischen Überprüfung sind im Team unverzüglich auszuwerten.
- Die getroffenen Festlegungen sind zum Gegenstand der Beratungen und Rapporte zu machen.

6.12 Anlage 12

6.12.1 Muster Baustellenapotheke

Da Baustellen oft weit entfernt von medizinischen Einrichtungen sind, ist es ratsam für eine erste Behandlung geeignete Mittel bereit zu haben. Es ist ein Vorschlag, der landesspezifisch anzupassen wäre, ohne auf eine telefonische Konsultation mit einem Arzt zu verzichten.

Allgemein	Fieberthermometer	Pulsmesser	Blutdruckmesser	Schere
	Aufladbare Lampe	Zeckenzange	Kompressen	Ohrenstöpsel
	Einweghandschuhe	Kanülen	Einwegspritzen	Pinzette
	Schutzhandschuhe	Heizkissen	Desinfektionsmittel	Wärmeflasche
	Schutzbrillen	Mullbinden	Reinigungsmittel	Sterile Tücher
Verletzung	Elastikbinden	Heftpflaster	Verbandspäckchen	Verbände
	Alkohol-Tupfer	Plasterspray	Wundcreme	Winkeltuch
	Wunddesinfektion	Betaisodona	a-Betadine 10 %	f-Betadine 10 %
Haut	Eitrige Infektion	Neomycin	a-Bactroban	f-Baneocin
	Hautpilz	Daktar	a-Daktarin	f-Daktarin
	Insektenstich	Fenistil	a-Phenergan	f-Fenistil
Magen	Durchfall	Loperamid	a-Imodium	f-Imodium
	Übelkeit,Erbrechen	Vomex	a-Primeran	f-Primeran
	Elektrolytverlust/D	Elotrans	a-ORS/rehydration	f-SRO
Husten	Hustenblocker	Paracodin	a-Meltus syrup	f-Humex adulte
	Sekretlöser	ACC Brauset.	a-Muciclar adult	f-Mulciclar
	Rachenentzündung	Frubizin	a-Strebsil	f-Pulmoll
Augen,Ohr	Augeninfektion	Floxal	a-Evril	f-Gentalline
	Mittelohrentzündg	Otrivin	a-Otrivin	f-Otrivin
	Infekt äußeres Ohr	Plyspektran	a-Evril	f-AntibioSynala
	Bindehautentzündg	Berberil N	a-Visine	f-Vita 3
Bauch	Krämpfe, Koliken	Buscopan plus	a-Buscomed	f-Visceralgine
	Sodbrennen:	Iberogast	Durchfall:	Perenterol
Schmerzen	Gelenke Fieber	Ibudolor	a-Nuroprofen	f-Ibuprofene
allgemein	Fieber, allgemein	Paracetamol	a-Paracetamol	f-Paracetamol
	Gelenke ohne Fieb.			
Breitspektr.	Hals, Durchfall und	Zithromax	a-Zithromax	f-Zithromax
Antibiotika	Krämpfe,Fieber	Ciprofloxacin	a-Ciprinol	f-Ciproxine
	Hals,eitr.Abszesse	Augmentan	a-Augmentin	f-Augmentin
Allergien	Juckreiz	Cetirizin	a-Zyrtec	f-Zyrtec
Malaria	Europa	Riamet	a-Coartem	f-Coartem
	Insektenabwehr	Repellents	Mosquito coils	Verdampfer
		Icaridin	Permethrin Spray	DEET
Wurmmittel	Europa	Praziquantel	a-Anthelminthika	f-Anthelminth.
HepatitisAB	Injektion	Twinrix		
Sonstiges	Blasenpflaster	Moskitonetze	Lippenbalsam	Augentropfen
	Sonnenschutzcreme		Handschutzcreme	
	Blutverdünnungsm.			

Erkrankungen Medikamentennamen in a: anglophonen Ländern f: frankophonen Ländern
Hierzu Punkt 3.1.4

6.13 Anlage 13

6.13.1 Muster Ablaufplan

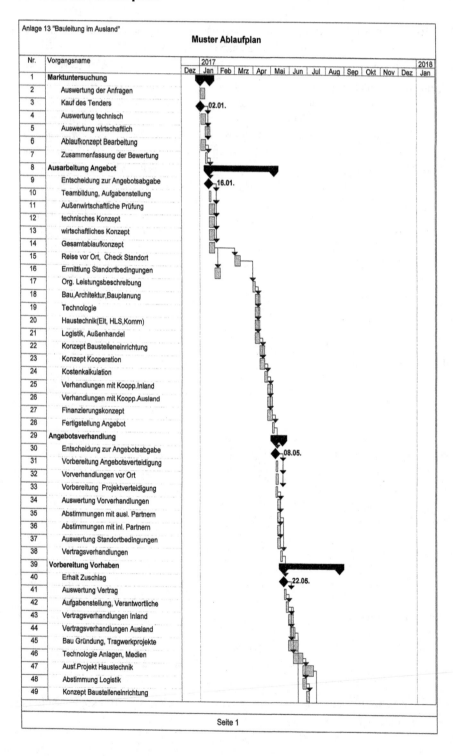

Anlage 13 "Bauleitung im Ausland"

Muster Ablaufplan

Nr.	Vorgangsname
1	Marktuntersuchung
2	Auswertung der Anfragen
3	Kauf des Tenders
4	Auswertung technisch
5	Auswertung wirtschaftlich
6	Ablaufkonzept Bearbeitung
7	Zusammenfassung der Bewertung
8	Ausarbeitung Angebot
9	Entscheidung zur Angebotsabgabe
10	Teambildung, Aufgabenstellung
11	Außenwirtschaftliche Prüfung
12	technisches Konzept
13	wirtschaftliches Konzept
14	Gesamtablaufkonzept
15	Reise vor Ort, Check Standort
16	Ermittlung Standortbedingungen
17	Org. Leistungsbeschreibung
18	Bau,Architektur,Bauplanung
19	Technologie
20	Haustechnik(Elt, HLS,Komm)
21	Logistik, Außenhandel
22	Konzept Baustelleneinrichtung
23	Konzept Kooperation
24	Kostenkalkulation
25	Verhandlungen mit Koopp.Inland
26	Verhandlungen mit Koopp.Ausland
27	Finanzierungskonzept
28	Fertigstellung Angebot
29	Angebotsverhandlung
30	Entscheidung zur Angebotsabgabe
31	Vorbereitung Angebotsverteidigung
32	Vorverhandlungen vor Ort
33	Vorbereitung Projektverteidigung
34	Auswertung Vorverhandlungen
35	Abstimmungen mit ausl. Partnern
36	Abstimmungen mit inl. Partnern
37	Auswertung Standortbedingungen
38	Vertragsverhandlungen
39	Vorbereitung Vorhaben
40	Erhalt Zuschlag
41	Auswertung Vertrag
42	Aufgabenstellung, Verantwortliche
43	Vertragsverhandlungen Inland
44	Vertragsverhandlungen Ausland
45	Bau Gründung, Tragwerkprojekte
46	Technologie Anlagen, Medien
47	Ausf.Projekt Haustechnik
48	Abstimmung Logistik
49	Konzept Baustelleneinrichtung

Zeitleiste: 2017 (Dez, Jan, Feb, Mrz, Apr, Mai, Jun, Jul, Aug, Sep, Okt, Nov, Dez) — 2018 (Jan)

Meilensteine: 02.01. (Kauf des Tenders), 16.01. (Entscheidung zur Angebotsabgabe), 08.05. (Entscheidung zur Angebotsabgabe), 22.05. (Erhalt Zuschlag)

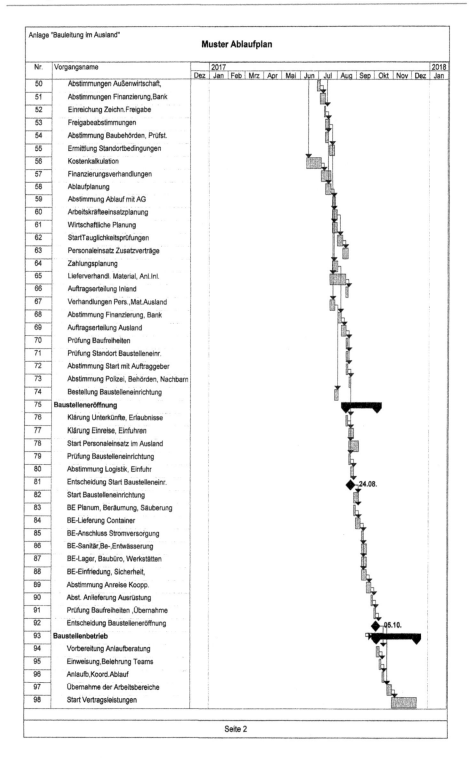

Anlage "Bauleitung im Ausland"		
	Muster Ablaufplan	

Nr.	Vorgangsname	2017 / 2018
50	Abstimmungen Außenwirtschaft,	
51	Abstimmungen Finanzierung,Bank	
52	Einreichung Zeichn.Freigabe	
53	Freigabeabstimmungen	
54	Abstimmung Baubehörden, Prüfst.	
55	Ermittlung Standortbedingungen	
56	Kostenkalkulation	
57	Finanzierungsverhandlungen	
58	Ablaufplanung	
59	Abstimmung Ablauf mit AG	
60	Arbeitskräfteeinsatzplanung	
61	Wirtschaftliche Planung	
62	StartTauglichkeitsprüfungen	
63	Personaleinsatz Zusatzverträge	
64	Zahlungsplanung	
65	Lieferverhandl. Material, Anl.Inl.	
66	Auftragserteilung Inland	
67	Verhandlungen Pers.,Mat.Ausland	
68	Abstimmung Finanzierung, Bank	
69	Auftragserteilung Ausland	
70	Prüfung Baufreiheiten	
71	Prüfung Standort Baustelleneinr.	
72	Abstimmung Start mit Auftraggeber	
73	Abstimmung Polizei, Behörden, Nachbarn	
74	Bestellung Baustelleneinrichtung	
75	**Baustelleneröffnung**	
76	Klärung Unterkünfte, Erlaubnisse	
77	Klärung Einreise, Einfuhren	
78	Start Personaleinsatz im Ausland	
79	Prüfung Baustelleneinrichtung	
80	Abstimmung Logistik, Einfuhr	
81	Entscheidung Start Baustelleneinr.	24.08.
82	Start Baustelleneinrichtung	
83	BE Planum, Beräumung, Säuberung	
84	BE-Lieferung Container	
85	BE-Anschluss Stromversorgung	
86	BE-Sanitär,Be-,Entwässerung	
87	BE-Lager, Baubüro, Werkstätten	
88	BE-Einfriedung, Sicherheit,	
89	Abstimmung Anreise Koopp.	
90	Abst. Anlieferung Ausrüstung	
91	Prüfung Baufreiheiten ,Übernahme	
92	Entscheidung Baustelleneröffnung	05.10.
93	**Baustellenbetrieb**	
94	Vorbereitung Anlaufberatung	
95	Einweisung,Belehrung Teams	
96	Anlaufb,Koord.Ablauf	
97	Übernahme der Arbeitsbereiche	
98	Start Vertragsleistungen	

6.14   Anlage 14

6.14.1 Incoterms

Mit den international angewendeten „Incoterms 2010"- Klauseln können auf einfache Weise Regeln für die technische Durchführung des Transportes beweglicher Güter vereinbart werden. Dabei wird eine eindeutige Vereinbarung des Übergangs der Kosten und der Transportgefahren vom Verkäufer auf den Käufer getroffen, soweit nicht der Vertrag oder landesspezifische Gesetze andere Regelungen fordern.

Die Klausel sollte zu Ware, Beförderungsmittel und genau definierten Orten und Schiffs-Anlegestellen passen und im Vertrag mit genau definierten Bestimmungs- oder Übergabeorten bzw. Personen vereinbart werden.

Es ist das offizielle Regelwerk der International Chamber of Commerce (ICC) Paris und wird in größeren zeitlichen Abständen sich verändernden Bedingungen angepasst. Deshalb ist im Vertrag die geltende Fassung zu nennen.

Das Regelwerk gilt überall auf der Welt als Standard und wird von den Vereinten Nationen, der „United Nations Commission on International Trade Low (UNCITRAL)" unterstützt. Hierzu www.iccgermany.de

Für alle Transportarten:

EXW   Ex Works (Ab Werk, benannter Ort), Der Verkäufer nennt einen Ort, von dem die Ware abgeholt werden kann, ohne Pflicht zur Verladung oder Zollfreimachung

FCA   „Free Carrier" (Frei Frachtführer benannter Ort), Der Verkäufer stellt die Ware beim Verkäufer oder an einem genau definierten Ort dem benannten Frachtführer oder einer anderen benannten Person bereit. Mit der Übergabe geht die Gefahr auf den Käufer über.

CPT   „Carriage Paid To" (Frachtfrei, benannter Bestimmungsort). Der Verkäufer hat die Ware auf seine Kosten bis zu dem vereinbarten, genau definierten Bestimmungsort zu liefern, dem Frachtführer oder einer anderen Person zu übergeben und den Beförderungsvertrag dazu abzuschließen.

CIP   „Carriage and Insurance Paid To" (Frachtfrei versichert, benannter Bestimmungsort). Der Verkäufer hat die Ware an einem vereinbarten Ort dem Frachtführer oder einer anderen vereinbarten Person zu übergeben, die resultierenden Frachtkosten bis zum Bestimmungsort zu zahlen und einen Versicherungsvertrag für die vom Käufer zu tragende Gefahr der Beschädigung oder des Verlustes während des Transportes abzuschließen.

DAT   „Delivered At Terminal" (Geliefert, (benanntes Terminal im Bestimmungsort- Terminal). Der Verkäufer trägt alle Kosten und die Verantwortung bis die Ware an einem Terminal, Kai, Containerhafen, Lagerhalle, Schienen-, Straßen, Luftfrachtterminal o. a. vereinbarten Stelle entladen wurde.

DAP   „Deivered At Place" (Geliefert, benannter Bestimmungsort). Der Verkäufer hat geliefert, wenn die Ware am vereinbarten Bestimmungsort auf dem Beförderungsmittel entladebereit ist. Bis dahin trägt der Verkäufer alle Kosten und die Verantwortung.

DDP   „Delivered Duty Paid" (Geliefert verzollt, benannter Bestimmungsort). Der Verkäufer hat alle Kosten, einschließlich Aus- und Einfuhrzoll und Zoll- Formalitäten zu tragen, bis die Ware auf dem angekommenen Beförderungsmittel entladebereit ist.

Nur für den Schiffstransport

FAS „Free Alongside Ship" (Frei Längsseite Schiff, benannter Verschiffungshafen),
   Der Verkäufer hat die Ware längsseits des Schiffs, der benannten Kaianlage
   oder eines genannten Binnenschiffes zu liefern. Ab dem Zeitpunkt trägt der
   Käufer alle Kosten und die Verantwortung für Beschädigung und Verlust.

FOB „Free On Board" (Frei an Bord, benannter Verschiffungshafen).
   Der Verkäufer hat die Ware im vereinbarten Verschiffungshafen auf das vereinbarte Schiff
   zu entladen. Der Käufer übernimmt dann alle Kosten und
   die Verantwortung für Beschädigung und Verlust.

CFR „Cost And Freight" (Kosten und Fracht, benannter Bestimmungshafen)
   Der Verkäufer hat alle Kosten der Frachtbeförderung bis zur Entladung auf das Schiff zu
   tragen. Dann geht die Gefahr der Beschädigung oder des Verlustes an den Käufer über.

CIF „Cost, Insurance and Freight" (Kosten, Versicherung, Fracht, benannter
   Ost-Timor(übr.Ast) Bestimmungshafen). Der Verkäufer hat die Ware an Bord des
   vereinbarten Schiffes im benannten Verschiffungshafen zu liefern und die Frachtkosten
   sowie die Transportversicherung bis zum Bestimmunghafen abzuschließen
   und zu zahlen. Dabei hat diese Versicherung den Mindestanforderungen der
   „Institute Cargo Clauses/C"(LMA/IUA) oder vergleichbaren zu entsprechen.

Weitere Fragen des Kaufs sind damit nicht geregelt. Dazu gehören besonders:

- Versicherungen
- Finanzierungs- und Zahlungsbedingungen
- Eigentumsübergang
- Haftungsausschlüsse
- anwendbares Recht
- Beförderungsbedingungen
- sonstige Qualitäts-Garantien
- End-Übergabe/Übernahme-Verantwortliche
- Preisgleitklauseln

Die Incoterms gelten nicht für die Lieferung nicht fassbarer Ware wie Software, Patente, Rechte u. ä.

Um die Korruption bei Verhandlungen, der Vertragserfüllung und zum Vertragsende zu bekämpfen, wurden von der ICC Klauseln für Handelsverträge entwickelt „ICC Anti Corruption Clause" (2012).

Außerdem empfiehlt eine Richtlinie den richtigen Umgang mit Geschenken und Einladungen für Handelsverträge „ICC Guidlines on Gifts and Hospitality" (2014).

Für Schulungszwecke mit 22 Fallbeispielen gilt „RESIST- Resisting Extortion and Solicitation in International Transaction" (2011).

Für Vorhaben ist das ATA-Carnet wichtig. Als ein international anerkanntes Zolldokument wird es als Warenpass für vorübergehende zollfreie Einfuhr von Ausrüstungsgegenständen, Warenmustern und Berufsausrüstungen verwendet. Es basiert auf Zollvereinbarungen des Weltzollrates (WCO) und wird durch verschiedene Organisationen ausgestellt, die der ATA-Garantiekette angehören. Für Deutschland sind das die regional zuständigen Industrie- und Handelskammern (IHK).

6.15 Anlage 15

6.15.1 Internationale Kennzeichen Kraftfahrzeuge, Güterwagen

Kraftfahrzeuge

AFG	Afghanistan	RI	Indonesien	PK	Pakistan
AL	Albanien	IRQ	Irak	PA	Panama
DZ	Algerien	IR	Iran	PY	Paraguay
ET	Ägypten	IRL	Irland	PE	Peru
ETH	Äthiopien	IS	Island	RP	Philippinen
AND	Andorra	IL	Israel	PL	Polen
RA	Argentinien	I	Italien	P	Portugal
AUS	Australien	JA	Jamaica	RWA	Ruanda
BS	Bahamas	J	Japan	RO	Rumänien
BRN	Bahrain-Inseln	ADN	Jemen	RUS	Russ.Föderation
BD	Bangladesch	JOR	Jordanien	Z	Sambia
BDS	Barbados	SCG	Serbien, Montenegro	WS	Samoa
BY	Weißrussland	K	Kambodscha	RSM	San Marino
B	Belgien	CDN	Kanada	S	Schweden
BH	Belize	EAK	Kenia	CH	Schweiz
DY	Benin	CO	Kolumbien	SN	Senegal
BOL	Bolivien	RCB	Kongo	SY	Seychellen
BIH	Bosnien-Herzegowina	ROK	Korea	WAL	Sierra Leone
RB	Botsuana	HR	Kroatien	ZW	Simbabwe
BR	Brasilien	C	Kuba	SGP	Singapur
D	Deutschland	KWT	Kuwait	SK	Slowakei
BG	Bulgarien	LAO	Laos	SLO	Slowenien
RCH	Chile	LS	Lesotho	SP	Somalia
RC	Taiwan	LV	Lettland	E	Spanien
CR	Costa Rica	RL	Libanon	CL	Sri Lanka
DK	Dänemark	FL	Liechtenstein	ZA	Südafrika
WD	Dominica	LT	Litauen	SME	Surinam
DOM	Dominikanische Repb.	L	Luxemburg	SD	Swasiland
EC	Ecuador	RM	Madagaskar	SYR	Syrien
CI	Elfenbeinküste	MW	Malawi	TJ	Tadschikistan
ES	El Salvador	MAL	Malaysia	EAT	Tansania
EST	Estland	RMM	Mali	THA	Thailand
FR	Faröer Inseln	M	Malta	TG	Togo
FJI	Fidschi Inseln	MA	Marokko	TT	Tunesien
FIN	Finnland	RIM	Mauretanien	CZ	Tschechien
F	Frankreich(u.Gebiete)	MS	Mauritius	TN	Tunesien
WAG	Gambia	MK	Mazedonien	TR	Türkei

(Fortsetzung)

GE	Georgien	MEX	Mexiko	TM	Turkmenistan
GH	Ghana	MC	Monaco	EAU	Uganda
GBZ	Gibraltar	MYA	Myanmar (Burma)	UA	Ukraine
WG	Grenada (Antillen)	NAM	Namibia	H	Ungarn
GR	Griechenland	NZ	Neuseeland	ROU	Uruguay
GB	Großbritannien, NIrld.	NIC	Nicaragua	V	Vatikanstaat
GBM	Insel Man, and. Inseln	NL	Niederlande	YV	Venezuela
GCA	Guatemala	NA	Niederländ.Antillen	USA	Vereinigte Staat.n
GUY	Guayana	RN	Niger	VN	Vietnam
RH	Haiti	WAN	Nigeria	ZRE	Zaire
HK	Hongkong	N	Norwegen	RCA	Zentralafrik. Rep.
IND	Indien	A	Österreich	CY	Cypern

Sonderzeichen : CC – (Corps Conulaire), CD – Corps Diplomatique

Güterwagen

Kennzahl	Eisenbahn	Abkürzung	Kennzahl	Eisenbahn	Abkürzung
10	Finnisch	VR	65	Mazedonisch	MZ,ZBJ
20	Russisch	RZD	68	Bentheimer, Ahaus	AAE
21	Belorussisch	BC	70	Britisch	BR
22	Ukrainisch	ZU	71	Spanisch	RENFE
23	Moldawisch	CFM	72	(Jugoslawisch)*	JZ
24	Litauisch	LG	73	Hellenisch	CH
25	Lettisch	LDZ	74	Schwedisch	SJ
26	Estnisch	EVR	75	Türkisch	TCDD
27	Kasachisch	KZH	76	Norwegisch	NSB
28	Georgisch	GR	78	Kroatisch	HŽ
29	Mittelasiatisch	SAZ	79	Slowenisch	SŽ
30	Koreanisch	KRZ	80	Deutsch	DB
31	Mongolisch	MTZ	81	Österreichisch	ÖBB
32	Vietnamesisch	DSVN	82	Luxemburgisch	CFL
33	Chinesisch	KZD	83	Italienisch	FS
41	Albanisch	HSH	84	Niederländisch	NS
44	Ungarisch, Budapest	BHEV	85	Schweizerisch	SBB,CFF
51	Polnisch	PKP	86	Dänisch	DSB
52	Bulgarisch	BDZ	87	Französisch	SNCF
53	Rumänisch	SNCFR	88	Belgisch	SNCB
54	Tschechisch	ČD	89	Bosnisch-Herzeg.	ZBH
55	Ungarisch	MAV	94	Portugiesisch	CP
56	Slowakisch	ŽSR	96	Iranisch	RSAI
57	Aserbaidschanisch	AZ	97	Syrisch	CFS
62	Schweizer, privat	SP	99	Irakisch	IRR

Für das Austauschverfahren für Güterwagen erfolgt folgende Kennzeichnung:

- RIV – „Regolamento Internazionale Veicoli", Übereinkommen über die gegenseitige Benutzung von Güterwagen im internationalen Verkehr
- PPW – „Prawila Polsowanij Wagonami", Vorschriften über die gegenseitige Benutzung von Wagen bestimmter osteuropäischer/asiatischer Bahnen
- EUROP – Gemeinschaftlich betriebener europäischer Wagenpark gemäß Übereinkommen über die gemeinschaftliche Benutzung von „Güterwagen"

Zur Visitenkarte eines Güterwagens gehören folgende Angaben

- 1–2 Kennzahl und Kurzzeichen für das Austauschverfahren
- 3–4 o. g. Eisenbahn-Kennzahl und – Abkürzung
- 5–8 verschlüsselte Wagengattung
- Buchstaben für Bauart, Ladelänge, Konstruktion, Zuladung, Geschwindigkeit,
- Bauart-Nummer

Außerdem sind Angaben für Eigenlasten, zulässige Achslasten und Kurvenradien an der Außenwand angebracht.

Diese Angaben sind dringend notwendig, wenn der Bauleiter den Standort einer erwarteten aber noch nicht erhaltenen Ware per LKW oder Bahn sucht.

6.15.2 Unternehmensbezeichnungen

Meistens kann davon ausgegangen werden, dass das den Bauleiter entsendende Unternehmen auch die Durchführung der Leistungen vollständig zu verantworten hat.

Für den Fall der Einbeziehung ausländischer Firmen ist Vorsicht geboten, weil oft nicht vergleichbare Unternehmensformen ein hohes Vertragsrisiko enthalten können.

Deshalb folgender Vergleich der aktuellen Kurzbezeichnungen mit den deutschen Unternehmensformen:

Land	AG	GmbH	OHG	KG	Bemerkungen, Mindestkapital
England	Plc	Ltd,LLP	partn.	ltd.	Ltd: kein Mindestkapital
Frankreich	SA	SARL	SNC		SEP ohne Mindestkapital
Spanien	SA.	SL,SRL	S.R.C.	S.C.	börsenn.1,2 Mio€, S.L 60 T€
Belgien	SA,NV	SPRL*	SNC		*BVBA.; SFS 6 T€,SCRL 18 T€
Bulgarien	AD	OOD	s-ie	KD	
Dänemark	A/S	Aps	I/S	K/S	
Estland	AS	OÜ*	TÜ	UÜ	*2,6 T€
Finnland	OYJ	OY*	AY	KY	*Ag mit GmbH vergleichbar
Griechenland	A.E	E.P.E.	O.E.	E.E.	
Irland	cpc.	ltd.	ord.P.	ltd.P.	P:Parnership
Italien	s.p.a.	s.r.l.	s.n.c.	s.a.s.	
Kroatien	d.d.	d.o.o.	t.d.	k.d.	
Lettland	AS	SIA	(PS)	KS	
Litauen	AB	UAB	TUB	KUB	
Luxemburg	SA	SARL	SNC	SCS	
Malta	ltd.*	ltd.**	P coll	P com	*by shares, **liability company
Niederlande	NV	BV	VOF	CV	
Norwegen	A/S	ANS		K/S	
Österreich	AG	GesmbH	OHG	KG	
Polen	S.A	Sp.coo	Sp.j	Sp.k	SKA = KGaK
Portugal	SA	Lda.			socied. colect.o = OHG, comm = KG
Rumänien	S.A.	S:R:L:	S.N.C	SCS.	SCA = KGaA
Schweden	AB	AB	HB	KB	
Schweiz	AG,SA	GmbH		KG	
Serbien-Montg	a.d.	d.o.o.	o.d.	k.o.	
Slowakei	a.s.	s.r.o.	v.o.s.	k.s.	
Slowenien	d.d.	d.o.o.	d.n.o.	k.d.	
Tschechien	a.s.	s.r.o.	v.o.s.	k.s.	
Ungarn	Rt.	Kft.	Kkt.	Bt.	
Europa	SE				EWIG europ.wirtsch.Int..Ver
Türkei	A.S.	Ltd.Si.	KolSrk	KomS	

Für Genossenschaften oder GbR liegen in der Regel keine Abkürzungen vor.

In den USA bestehen offene und geschlossene „Corporation", „Corp". und „Inc.", wobei jeder Bundesstaat unterschiedliches Gesellschaftsrecht besitzt.

Vergleichbar mit deutschen AG dominiert der Vorstand mit dem Aufsichtsrat, während bei den übrigen Formen der Geschäftsführer oder Eigentümer die notwendigen Entscheidungen fällt, im Handelsregister oder anderen Listen eingetragen ist und Vollmachten ausstellt. Dabei kann ein eingesetzter Prokurist Teilverantwortung erhalten, die aber detailliert definiert sein muss.

6.16   Anlage 16

6.16.1 Buchstabierformen

	deutsch	englisch	amerikanisch	international	Funk intern.
A	Anton	Andrew	Abel	Amsterdam	Alfa
B	Berta	Benjamin	Baker	Baltimore	Bravo
C	Cäsar	Charlie	Charlie	Casablanca	Charlie
D	Dora	David	Dog	Dänemark	Delta
E	Emil	Edward	Easy	Edison	Echo
F	Friedrich	Frederick	Fox	Florida	Foxtrott
G	Gustav	George	George	Gallipoli	Golf
H	Heinrich	Harry	How	Havanna	Hotel
I	Ida	Isaak	Item	Italia	India
J	Julius	Jack	Jig	Jerusalem	Juliett
K	Kaufmann	King	King	Kilogramm	Kilo
L	Ludwig	Lucy	Love	Liverpool	Lima
M	Marta	Mary	Mike	Madagaskar	Mike
N	Nordpol	Nellie	Nan	New York	November
O	Otto	Oliver	Oboe	Oslo	Oscar
P	Paula	Peter	Peter	Paris	Papa
Q	Quelle	Qoeenie	Queen	Quebec	Quebec
R	Richard	Robert	Roger	Roma	Romeo
S	Samuel	Sugar	Sugar	Santiago	Sierrra
T	Theodor	Tommy	Tare	Tripoli	Tango
U	Ulrich	Uncle	Uncle	Uppsala	Uniform
V	Viktor	Victor	Victor	Valencia	Victor
W	Wilhelm	William	William	Washington	Whisky
X	Xanthippe	Xmas	X	Xanthippe	X-Ray
Y	Ypsilon	Yellow	Joke	Yokohama	Yankee
Z	Zacharias	Zebra	Zebra	Zürich	Zoulou
Ä	Ärger				
Ch	Charlotte	Ö	Ökonom	Ü	Übermut

Griechisches Alphabet

Αα-alpha	Ββ-beta	Γγ-gamma	Δδ-delta	Εε-epsilon	Ζζ-zita
Ηη-ita	Θθ-vita	Ιι-jota	Κκ-kapa	Λλ-lamda	Μμ-mi
Νν-ni	Ξξ-ksi	Οο-omikron	Ππ-pi	Ρρ-ro	Σσ-sigma
Ττ-taf	Υυ-ipsilon	Φφ-fi	Χχ-ksi	Ψψ-psi	Ωω-omega

Russisches Alphabet (russische Schrift – deutsche Aussprache)

А а-A	Б б-B	В в-W	Г г-G	Д д-D	Е е-E
Ж ж- She	З з-S	И и-I	Й й-I	К к-K	Л л-L
М м-M	Н н-N	О о-O	П п-P	Р р-R	С с-S
Т т-T У у	Ф ф-F	Х х-Ch	Ц ц-Z	Ч ч-Tsch	Ш ш-Sch
Щ щ-Schtsch	Ъ ъ- ohne	Ы ы-Ü	Э э-Je	Ю ю-Ju	Я я-Ja

Arabische Zahlen (deutscher Wert – arabische Schrift- arabische Aussprache), besonders für Preise, Zeit- und km-Angaben, Haus- und Autonummern, Höhen- und Tiefenangaben:

١ ١   ٢ ١   ٣ ٣   ٤ ٤   ٥ ٥   ٦ ٦   ٧ ٧   ٨ ٨   ٩ ٩   ٠ ٠

wahed ithnayn thalata arbaa khamsa sitta sabaa thamania tissa sifr

6.17 Anlage 17

6.17.1 Internationale Vorwahlen, Weltzeit

Ägypten	+20	Falkland-Inseln	+500	Korea Republik	+82
Äthiopien	+240	Fidschi	+679	Kroatien, Hrvatska	+385
Afghanistan	+93	Finnland	+358	Kuba	+53
Alaska	+1	Frankreich	+33	Kuwait	+965
Albanien	+355	Französ..Guyana	+594	Laos	+856
Algerien	+213	Gabun	+241	Lesotho	+266
Andorra	+376	Galapagos-Inseln	+593	Lettland	+371
Angola	+244	Gambia	+220	Libanon	+961
Antarktis (Britisch)	+6721	Georgien	+995	Liberia	+231
Antigua, Barbuda	+1268	Ghana	+223	Libyen	+218
Argentinien	+54	Gibraltar	+350	Liechtenstein	+423
Arktis San Mayen	+47	Grenada	+1473	Line-Inseln	+686
Armenien	+374	Griechenland	+30	Litauen	+370
Aruba	+297	Grönland	+299	Luxemburg	+352
Australien	+61	Großbritannien	+44	Madagaskar	+261
Azbren	+351	Guadeloupe	+687	Madeira	+351
Bahamas	+1242	Guam	+1671	Malawi	+265
Bahrain	+973	Guatemala	+502	Malaysia	+60
Bangladesch	+880	Guinea	+245	Malediven	+960
Barbados	+1246	Guayana	+592	Mali	+223
Belgien	+32	Haiti	+509	Malta	+356
Belize	+501	Hawai, Honolulu	+1*	Marokko	+212
Benin	+229	Honduras	+504	Martinique	+596
Bermuda	+1441	Hongkong	+852	Mauretanien	+222
Bhutan	+975	Indien	+91	Mauritius	+230
Bolivien	+591	Indonesien	+62	Mazedonien	+389
Bosnien-Herzegowina	+387	Irak	+964	Mexiko	+52
Botsuana	+267	Iran	+98	Mikronesien	+691
Brasilien	+55	Irland	+353	Moldau	+373
Brunei	+673	Island	+354	Monaco	+377
Bulgarien	+359	Israel	+972	Mongolei	+976
Burkina Faso	+226	Italien	+39	Mosambik	+258
Burundi	+257	Jamaika	+1876	Myanmar	+95
Chatam-Inseln	+64	Japan	+81	Namibia	+264
Chile	+56	Jemen	+967	Nauru	+674
China-Taiwan	+886	Jordanien	+962	Nepal	+977
China	+86	Jugoslawien,Serbien	+381	Neufundland	+1
Christmas,Cocos-Insel	+61	Kambodscha	+855	Neukaledonien	+687
Cookinseln	+682	Kamerun	+237	Neuseeland	+64

(Fortsetzung)

Costa Rica	+506	Kanada	+1	Nicaragua	+505
Dänemark	+45	Kanarische Inseln	+34	Niederl.Antillen	+599
Deutschland	+49	Kasachstan	+73,75	Niederlande	+31
Dominika	+1767	Katar	+974	Niger	+227
Dominik.Republik	+1809	Kenia	+254	Nigeria	+234
Dschibuti	+253	Kirgisistan	+996	Niue	+683
Ecuador	+593	Kiribati	+686	Nordirland	+44
El Salvador	+503	Kolumbien	+57	Norwegen	+47
Elfenbeinküste	+225	Komoren	+2697	Österreich	+43
Eritrea	+291	Kongo	+242	Oman	+968
Estland	+272	Kongo Dem. Rep	+243	Ost-Timor(übr.Ast)	+61
Faröer	+298	Korea Dem.Rep.	+850	Osterinseln	+56
Pakistan	+92	Seychellen	+248	Trinidad u Tobago	+1868
Palau	+680	Sierra Leone	+232	Tschad	+235
Panama	+507	Simbabwe	+263	Tschechien	+420
Papua-Neuguinea	+675	Singapur	+65	Türkei	+90
Paraguay	+595	Slowakei	+421	Tunesien	+216
Peru	+51	Slowenien	+386	Turkmenistan	+993
Philippinien	+63	Somalia	+252	Turks-, Calcos-Insel	+1649
Phönix-Inseln	++686	Spanien	+34	Tuvalu	+688
Polen	+48	Sri Lanka	+94	Uganda	+256
Portugal	+351	St.Helena	+290	Ukraine	+380
Puerti Rico	+1787	St.Lucia	+1758	Ungarn	+36
Réunion	+262	St.Pierre u Miquelon	+508	Uruguay	+598
Ruanda	+250	Sudan	+249	Usbekistan	+998
Rumänien	+40	Südafrika	+27	Uyghur (Macao)	+853
Russische Föderation.	+7	Surinam	+597	Vanuatu	+678
Salomonen	+677	Swasiland	+268	Vatikanstadt	+3906
Sambia	+260	Syrien	+963	Venezuela	+58
Samoa	+685	Sao Tome u.Prinzipe	+239	Verein.Arab.Emirate	+971
San Marino	+378	Tadschikistan	+992	Vereinigte Staaten	+1
Saudi-Arabien	+966	Tansania	+255	Vietnam	+84
Schottland	+44	Thailand	+66	Wallis, Futuna	+681
Schweden	+46	Togo	+228	Weissrussland	+375
Schweiz	+41	Tokelau	+690	Zentralafrik.Rep.	+236
Senegal	+221	Tonga	+676	Zypern	+357

Das Zeichen + ist durch die jeweilige nationale Vorwahlkennung zu ersetzen. Für Deutschland und die meisten anderen europäischen Länder verwenden dabei „00".

In den USA ist statt der 00 die Vorwahl „011" zu verwenden, Während ein Anruf in die USA aus Europa die „001" benötigt.

Anrufe zu vielen Inseln benötigen die Vorwahl der ehemaligen Kolonialländer.

Ausgewählte Telefonnummern aus dem Ausland

Auswärtiges Amt	0049 30 1817 0 bzw. 2000
Bundesministerium der Finanzen, Zölle	0049 30 18 682 0
Bundesministerium für Wirtschaft und Technologie	0049 30 18 615 0
Bundesministerium für wirtschaftliche Zusammenarbeit	0049 30 18 535 0
Dt. Gesellschaft für Intern. Zusammenarbeit (GTZ)	0049 30 72 614 0
Hauptzollamt Berlin,	0049 30 69 009 0
Industrie- und Handelskammer Berlin	0049 30 315 10 0
Handwerkskammer Berlin	0049 30 25 903 01
Bundesamt für Materialforschung, -Prüfung (BAM)	0049 30 81 04 0
Europäisches Patentamt	0049 30 25 90 10
Bundesanstalt Technisches Hilfswerk (THW)	0049 30 30 682 0
American Chamber of Commerce in Germany	0049 30 2997 892 0
Flughafen Tegel und Schönefeld	0049 30 6091 11 50
Deutscher Wetterdienst	0049 30 69 00 83 0
Berufsgenossenschaft der Bauwirtschaft	0049 30 857 81 0
Gesetzliche Unfallversicherung (VBG)	0049 30 770 03 0

Weltzeit

Sie ist besonders wichtig, wenn es gilt Konferenzschaltungen für Teilnehmer aus verschiedenen Ländern zu organisieren.

10.00	11.00	MEZ 12.00	13.00	14.00
Dakar	Island, Dublin London, Tanger Lissabon, Kanarische Inseln, Abidjan	Berlin, Wien Paris, Rom Oslo, Stockholm Madrid, Algier Tunis, Tripolis Lagos	Helsinki Ankara Kairo Karthum Johannesburg	Murmansk Archangelsk Moskau, Aden Teheran Addis Abeba Nairobi Madagascar
8.00	**9.00**		**15.00**	**16.00**
Grönland Brasilien Rio de Janero Montevideo Buenos Aires	Cabo Verde		Nowaja Semlja Ekaterienburg/ Ural	Omsk, Delhi Karachi Bombay Sri Lanka
6.00	**7.00**		**17.00**	**18.00**
Montreal,Lima New York Washington Cuba, Panama	Neufundland Halifax Caracas Santiago		Krasnojarsk Nowokusnetsk Lhasa	Ulan Bator Bangla Desh Bangkok
4.00	**5.00**		**19.00**	**20.00**
Edmonton Salt Lake City	Winnipeg Chikago Dallas Mexiko D.F. Guatemala		Peking Hongkong, Taiwan, Padang Singapore Jakarta	Wladiwostok Sachalin, Seoul Tohyo Philippinen Darwin

(Fortsetzung)

2.00	3.00		21.00	22.00
Aklavik	Vancouver		Neu Guinea	Neue Hebrieden
	Seattle		Sydney	Neu Kaledonien
	San Francisco		Melbourne	
	Los Angeles			
0.00	**1.00**		**23.00**	**24.00**
Nome/Alaska	Fairbanks/		Anadyr	Nome/Alaska
	Alaska		Kamschatka	Aleuten-
	Anchorage		Fitschij Inseln	Inseln
	Hawai		Neu Seeland	

6.18 Anlage 18

6.18.1 Grußformen

Sprache	Guten Morgen	Guten Tag	Guten Abend	Auf Wiedersehen
englisch	good morning	how are you	Good evening	Good bye
Französisch	bonjour	bonjour	bonsoir	au revoir
Spanisch	buenos dias	buenos dias	buenas tardes	adios
Portugiesisch	bom dia	bom dia	boa tarde	adeus
Italienisch	buon giorno	buon giorno	buona sera	arrividerci
Griechisch	kali'mera	kali'mera	kali'spera	'xerete
Holländisch	goeden morgen	goeden tag	goeden avond	tot ziens
Finnisch	Hyväähuomenta	hyvääpäivää	hyvää iltaa	näkimiin
Russisch	dobroje utro	dobryij den	dobryij wetscher	doswidanija
Tschechisch	dobri jitro	dobri den	dobri wetscher	na sledanou
Ungarisch	jo reggelt	jo napot	jo ested	viszontlatasra
Polnisch	dzien dobry	dzien dobry	dobry wetscher	do widzenia
Arabisch	sabah el-cher	as-salamu aleikum*	mesikumbilcher	ma'as-salama
Persisch	ruuz bakheyr**	ruuz bakheyr	ruuz bakheyr**	kudahafez
Hebräisch	yum tuv**	yum tuv	yum tuv**	lehitraut
hindi	namaskaar	namastee	namaskaar	firmilenge
Suaheli	asubuhi njema	habari ya siku	habari za jioni	kwaheri
Koreanisch	annyeonghaseyo	annyeonghaseyo	annyeonghaseyo	anyeongtomanjo
Türkisch	günaydin	iyi günler	iyi geceler	görüsürüz, güle
Chinesisch	zao chen hao	zhong wu hao	wan shang hao	zei tchie,zaj ian
Japanisch	konnichi wan	konnichi wa	okinawan	sayounara

*Der Friede sei mit Dir; Antwort: wa aleikum salam /Auch Dir sei Friede **auch andere Wörter üblich

Sprache	ja	nein	bitte	danke
Englisch	yes	no	please	thanks
Französisch	oui	non	sil vous plait	merci
Spanisch	si	no	por favor	gracias
Portugiesisch	sim	nao	fac o favor	obrigado
Italienisch	si	no	per favore	grazie
Griechisch	ne	oici	parakalo	efxaristo poli
Holländisch	ja	nee	graag gedaan	bedankt
Finnisch	küllä	ei	Olkaahyvä	kiitos
Russisch	da	net	poschaluista	spasibo
Tschechisch	ano	ne	prosim	djekuji
Ungarisch	igen	nem	szivesen	köszönöm

(Fortsetzung)

Sprache	ja	nein	bitte	danke
Polnisch	przeciez	nje	prosze	dziekuje
Arabisch	na'am, Alwa	la	min fadlak	schukran
Persisch	bähleh	nah	khwahesh	motsahkerm
Hebräisch	ken	lo	veva qushah	tudah
Hindi	haa	nahin	vei kam	Dhan yavaad
Suaheli	n dio	hapana	karibu	As ante
Koreanisch	ye	ani, yo	hasibsio	gamsahabnida
Türkisch	evet	hayir	memnuniyetle	tesekür ederim
chinesisch	schi de	bu, mei you	tschin	chie chie
japanisch	hai	lie	arigatou	dovitashimashite

6.19   Anlage 19

6.19.1 Handsignale

Aufgabe	Bewegungen	Darstellung
Achtung, Vorsicht *Look out, caution*	Rechten Arm senkrecht nach oben halte, Handfläche zeigt nach vorn	
Halt, Gefahr *Stop, danger*	Beide Arme waagerecht anwinkeln und strecken, Handflächen zeigen nach vorn möglichst mit Ton-/Pfeifsignal ergänzen, sich selbst sichern	
Anhalten, Unterbrechen *Stop, break*	Beide Arme waagerecht ausstrecken, Handflächen zeigen nach vorn	
Auf, Heben *Up, heave*	Rechten Arm nach oben strecken, Handfläche zeigt nach vorn und macht langsam kreisende Bewegungen	
Ab, Senken *Let down, sink*	Rechten Arm nach schräg unten halten, Handfläche zeigt zum Körper und macht langsam kreisende Bewegungen	
Abfahren *Leave, carry off*	Rechten Arm nach oben strecken und seitlich hin und her bewegen, Handfläche zeigt nach vorn	
Herkommen *Come here*	Beide Arme beugen und mit den Unterarmen zum Körper nach innen winken, Handflächen zeigen nach innen	
Entfernen *remove*	Beide Arme beugen und mit den Unterarmen vom Körper weg winken, Handflächen zeigen nach außen	
Rechts fahren, vom Einweiser gesehen *Drive right, look from instructor*	Den rechten Arm in horizontaler Haltung anwinkeln und seitlich hin und her Bewegen (analog bei „links fahren" linken Arm so bewegen)	

Stichwortverzeichnis

© Springer Fachmedien Wiesbaden 2016
K. Micksch, *Bauleitung im Ausland*, DOI 10.1007/978-3-658-13903-2

Printed in the United States
By Bookmasters